Analysis A 1

Vorbereitungszeit: 20 Minuten, erlaubte Hilfsmittel: Tasch

Gegeben ist die Funktion f durch $f(x) = 3 - \frac{1}{2} \cdot e^{-x}$; $x \in \mathbb{R}$. Ihr Graph sei K_f.

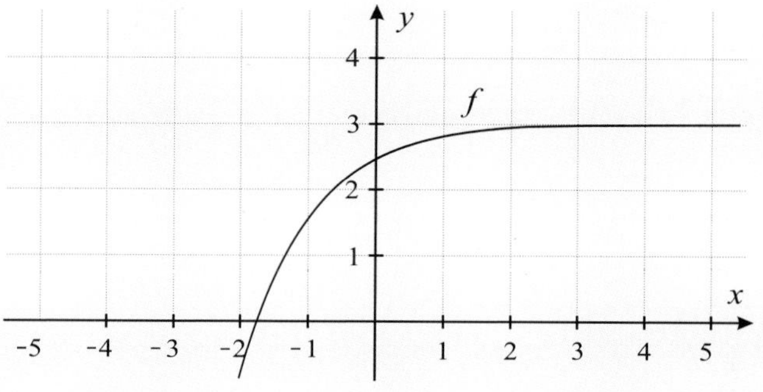

a) Berechnen Sie die Schnittpunkte von K_f mit den Koordinatenachsen und bestimmen Sie die Gleichung der Asymptote von K_f.

b) Beschreiben Sie, wie K_f aus dem Graphen der Funktion e^x hervorgegangen ist. Begründen Sie, dass f streng monoton wachsend ist.

c) Erläutern Sie, wie man den Flächeninhalt der Fläche zwischen dem Graphen von f, der Geraden mit der Gleichung $y = 3$, der y-Achse und der Geraden $x = 4$ bestimmen kann.

d) Die Gerade mit der Gleichung $y = \frac{1}{2}x + \frac{5}{2}$ ist eine Tangente an K_f. Beschreiben Sie, wie man die Koordinaten des zugehörigen Berührpunkts B erhalten kann.

e) Beurteilen Sie folgende Aussage: «Es gibt ganzrationale Funktionen vierten Grades, deren Graphen drei Wendepunkte besitzen».

Tipps A 1

a) Den Schnittpunkt S von K_f mit der y-Achse erhalten Sie, indem Sie $x = 0$ in $f(x)$ einsetzen. Den Schnittpunkt N von K_f mit der x-Achse erhalten Sie, indem Sie die Gleichung $f(x) = 0$ durch Logarithmieren nach x auflösen.
Zur Bestimmung der Gleichung der Asymptote beachten Sie, dass e^{-x} für $x \to \infty$ gegen Null geht.

b) Überlegen Sie, wie K_f aus dem Graphen der Exponentialfunktion e^x durch Spiegelungen, Streckungen oder Verschiebungen hervorgeht.
Um zu begründen, dass f streng monoton wachsend ist, verwenden Sie die 1. Ableitung von f, die Sie mit der Kettenregel erhalten. Beachten Sie, dass $e^{-x} > 0$ gilt.
Falls $f'(x) > 0$, ist f streng monoton wachsend.

c) Den gesuchten Flächeninhalt erhalten Sie mithilfe eines Integrals. Beachten Sie, dass die Gerade mit der Gleichung $y = 3$ oberhalb des Graphen von f verläuft und verwenden Sie den Hauptsatz der Differential- und Integralrechnung.

d) Beachten Sie, dass im Berührpunkt B die Steigung gleich groß ist wie die Steigung der gegebenen Geraden. Stellen Sie eine Gleichung auf und überlegen Sie, wie Sie den zugehörigen y-Wert erhalten.

e) Verwenden Sie als Ansatz für eine ganzrationale Funktion f vierten Grades die Gleichung $f(x) = ax^4 + bx^3 + cx^2 + dx + e$ sowie deren Ableitungen. Beachten Sie, dass als notwendige Bedingung für Wendepunkte des Graphen von f die Gleichung $f''(x) = 0$ zu lösen ist. Überlegen Sie, wie viele Lösungen diese Gleichung maximal hat und was dies für die maximale Anzahl der Wendepunkte des Graphen von f bedeutet.

Lösungen A 1

a) Es ist $f(x) = 3 - \frac{1}{2} \cdot e^{-x}$.

Den Schnittpunkt S von K_f mit der y-Achse erhält man, indem man $x = 0$ in $f(x)$ einsetzt:

$$f(0) = 3 - \frac{1}{2} \cdot e^{-0} = 3 - \frac{1}{2} \cdot 1 = 2{,}5 \Rightarrow \mathrm{S}(0 \mid 2{,}5)$$

Den Schnittpunkt N von K_f mit der x-Achse erhält man, indem man die Gleichung $f(x) = 0$ durch Logarithmieren nach x auflöst:

$$\begin{aligned} 3 - \frac{1}{2} \cdot e^{-x} &= 0 \\ 3 &= \frac{1}{2} \cdot e^{-x} \\ 6 &= e^{-x} \\ \ln(6) &= -x \\ -\ln(6) &= x \end{aligned}$$

Damit hat der Schnittpunkt mit der x-Achse die Koordinaten $\mathrm{N}(-\ln(6) \mid 0)$.

Für $x \longrightarrow \infty$ geht e^{-x} gegen Null, damit geht $h(x) = 3 - \frac{1}{2} \cdot e^{-x}$ gegen 3.

Somit lautet die Gleichung der waagrechten Asymptote: $y = 3$.

b) Der Graph K_f geht aus dem Graphen der Exponentialfunktion e^x durch folgende Operationen hervor:

- Spiegelung an der y-Achse
- Spiegelung an der x-Achse
- Streckung in y-Richtung mit dem Faktor $\frac{1}{2}$ (Stauchung)
- Verschiebung in y-Richtung um 3 LE nach oben.

Um zu begründen, dass f streng monoton wachsend ist, verwendet man die 1. Ableitung von f, die man mit der Kettenregel erhält:

$$f'(x) = 0 - \frac{1}{2} \cdot e^{-x} \cdot (-1) = \frac{1}{2} \cdot e^{-x}$$

Wegen $e^{-x} > 0$ gilt: $f'(x) > 0$. Somit ist f streng monoton wachsend.

c) Den Flächeninhalt A der Fläche zwischen dem Graphen von f, der Geraden mit der Gleichung $y = 3$, der y-Achse und der Geraden $x = 4$ erhält man mithilfe eines Integrals. Da die Gerade oberhalb des Graphen von f verläuft, ergibt sich mithilfe des Hauptsatzes der Differential- und Integralrechnung:

$$\mathrm{A} = \int_0^4 (3 - f(x))\,\mathrm{d}x$$

d) Die Gerade mit der Gleichung $y = \frac{1}{2}x + \frac{5}{2}$ ist eine Tangente an K_f. Die Koordinaten des zugehörigen Berührpunkts B erhält man, indem man die Gleichung $f'(x) = \frac{1}{2}$ nach x auflöst, da im Punkt B die Steigung gleich groß ist wie die der gegebenen Geraden. Den zugehörigen y-Wert erhält man, indem man den erhaltenen x-Wert in $f(x)$ oder in die Tangentengleichung einsetzt.

e) Eine ganzrationale Funktion f vierten Grades hat allgemein die Gleichung

$$f(x) = ax^4 + bx^3 + cx^2 + dx + e$$

mit

$$f'(x) = 4ax^3 + 3bx^2 + 2cx + d$$

und

$$f''(x) = 12ax^2 + 6bx + 2c$$

Als notwendige Bedingung für Wendepunkte des Graphen von f löst man die Gleichung $f''(x) = 0$ nach x auf, also

$$12ax^2 + 6bx + 2c = 0$$

Dies ist eine quadratische Gleichung, welche maximal zwei Lösungen für x hat. Damit hat der Graph von f auch nur maximal zwei Wendepunkte.

Somit gibt es keine ganzrationale Funktion vierten Grades, deren Graph drei Wendepunkte besitzt.

Analysis A 2

Vorbereitungszeit: 20 Minuten, erlaubte Hilfsmittel: Taschenrechner (WTR), Merkhilfe

Ein Medikament wird mithilfe einer Spritze verabreicht.
Die Wirkstoffmenge im Blut des Patienten kann modellhaft beschrieben werden durch die Funktion f mit

$$f(t) = 130 \cdot \left(e^{-0,2 \cdot t} - e^{-0,8 \cdot t}\right) \;;\; 0 \leqslant t \leqslant 24$$

(t in Stunden nach der Injektion, $f(t)$ in mg).

Der Graph von f ist durch folgende Abbildung gegeben:

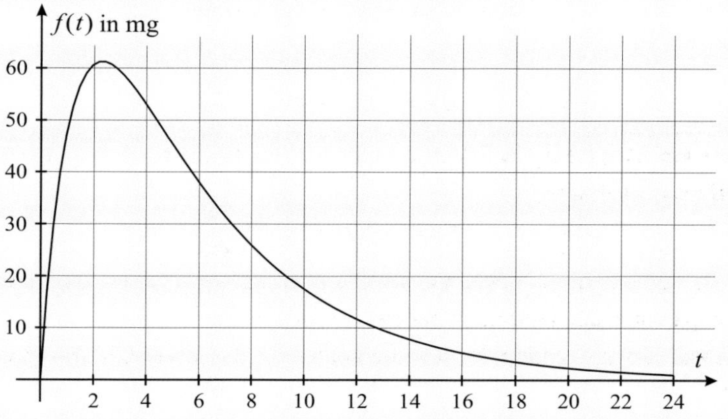

a) Das Medikament wirkt nur dann, wenn mindestens 36 mg des Wirkstoffs im Blut vorhanden sind. Bestimmen Sie näherungsweise die Länge des Zeitraums, in dem das Medikament wirkt.

b) Berechnen Sie die Abnahme der Wirkstoffmenge im Blut nach 5 Stunden.

c) Ab dem Zeitpunkt $t = 5$ wird die Wirkstoffmenge im Blut näherungsweise durch die Tangente an das Schaubild von f an der Stelle $t = 5$ beschrieben.
Bestimmen Sie graphisch den Zeitpunkt, zu dem kein Wirkstoff mehr vorhanden ist.

d) Erläutern Sie, wie man den Flächeninhalt der Fläche zwischen dem Graphen von f und der t-Achse für $0 \leqslant t \leqslant 24$ bestimmen kann.

e) Beurteilen Sie folgende Aussage: «Hat der Graph einer Funktion f eine Nullstelle, so hat der Graph der zugehörigen Stammfunktion F eine Extremstelle».

Tipps A 2

a) Bestimmen Sie mithilfe der gegebenen Abbildung die Schnittstellen des Graphen von f mit der Geraden $y = 36$ und berechnen Sie die Differenz der erhaltenen Zeitpunkte.

b) Die Abnahme der Wirkstoffmenge im Blut nach 5 Stunden erhalten Sie mithilfe der 1. Ableitung von f, die Sie mit der Kettenregel bestimmen. Setzen Sie $t = 5$ in $f'(t)$ ein.

c) Zeichnen Sie die Tangente an das Schaubild von f an der Stelle $t = 5$ ein und bestimmen Sie die Schnittstelle der Tangente mit der t-Achse.

d) Den Flächeninhalt A der gesuchten Fläche zwischen dem Graphen von f und der t-Achse für $0 \leqslant t \leqslant 24$ erhalten Sie mithilfe eines Integrals und des Hauptsatzes der Differential- und Integralrechnung. Geben Sie dazu eine Stammfunktion F von f an. Alternativ können Sie den Flächeninhalt A auch näherungsweise bestimmen, indem Sie die zugehörigen Kästchen der Fläche zählen.

e) Beachten Sie, ob der Graph einer Funktion f eine Nullstelle mit oder ohne Vorzeichenwechsel hat.

Lösungen A 2

a) Es ist $f(t) = 130 \cdot \left(e^{-0,2 \cdot t} - e^{-0,8 \cdot t}\right)$; $0 \leqslant t \leqslant 24$.

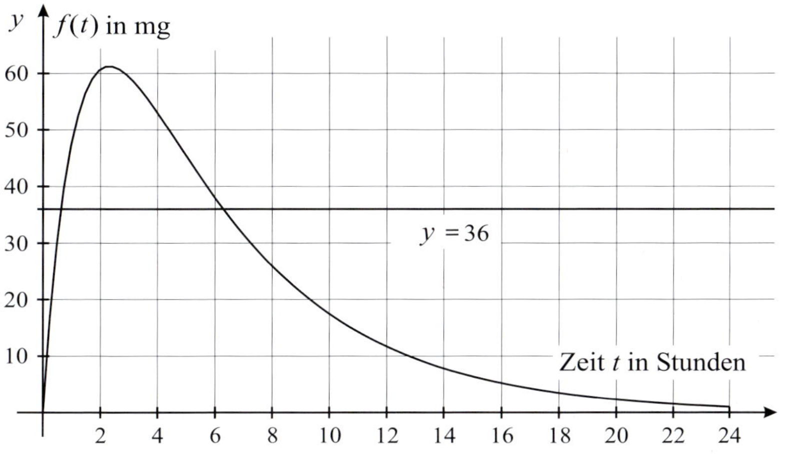

Um den Zeitraum zu bestimmen, in dem das Medikament wirkt, bestimmt man mithilfe der gegebenen Abbildung die Schnittstellen des Graphen von f mit der Geraden $y = 36$. Man erhält: $t_1 \approx 0,6$ und $t_2 \approx 6,3$.

Wegen $t_2 - t_1 \approx 6,3 - 0,6 = 5,7$ wirkt das Medikament in einem Zeitraum von etwa $5,7$ Stunden.

b) Die Abnahme der Wirkstoffmenge im Blut nach 5 Stunden erhält man mithilfe der 1. Ableitung von f, die man mit der Kettenregel bestimmt:

$$f'(t) = 130 \cdot \left(e^{-0,2 \cdot t} \cdot (-0,2) - e^{-0,8 \cdot t} \cdot (-0,8)\right) = 130 \cdot \left(-0,2 \cdot e^{-0,2 \cdot t} + 0,8 \cdot e^{-0,8 \cdot t}\right)$$

Setzt man $t = 5$ in $f'(t)$ ein, ergibt sich:

$$f'(5) = 130 \cdot \left(-0,2 \cdot e^{-0,2 \cdot 5} + 0,8 \cdot e^{-0,8 \cdot 5}\right) \approx -7,66$$

Somit beträgt die Abnahme der Wirkstoffmenge im Blut nach 5 Stunden etwa $7,7\,\text{mg}$ pro Stunde.

c) Da ab dem Zeitpunkt $t = 5$ die Wirkstoffmenge im Blut näherungsweise durch die Tangente an das Schaubild von f an der Stelle $t = 5$ beschrieben wird, kann man die Tangente mit der Steigung $m = f'(5) \approx -7,7$ in die gegebene Abbildung einzeichnen:

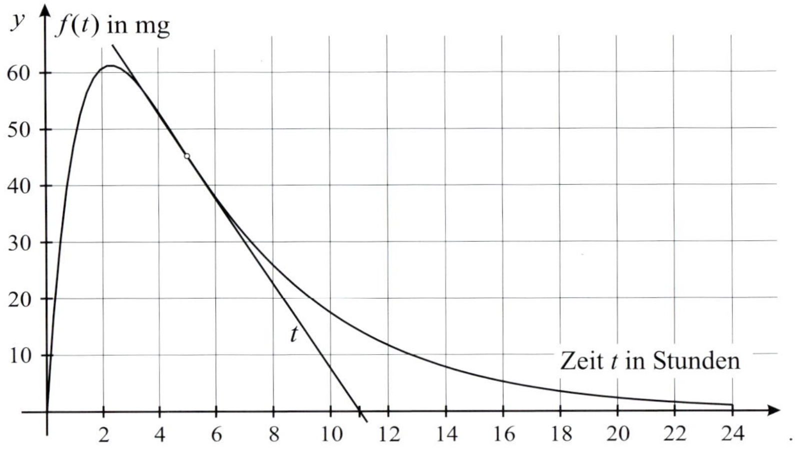

Der Zeitpunkt, zu dem kein Wirkstoff mehr vorhanden ist, ist die Schnittstelle der Tangente mit der t-Achse: $t \approx 11$.
Somit ist nach etwa 11 Stunden kein Wirkstoff mehr vorhanden.

d) Den Flächeninhalt A der gesuchten Fläche zwischen dem Graphen von f und der t-Achse für $0 \leqslant t \leqslant 24$ erhält man mithilfe eines Integrals und des Hauptsatzes der Differential- und Integralrechnung:

$$\mathrm{A} = \int_0^{24} f(t)\mathrm{d}t = \mathrm{F}(24) - \mathrm{F}(0)$$

wobei

$$\mathrm{F}(t) = 130 \cdot \left(\frac{e^{-0,2t}}{-0,2} - \frac{e^{-0,8t}}{-0,8} \right) = -650 \cdot e^{-0,2t} + 162,5 \cdot e^{-0,8t}$$

eine Stammfunktion von f ist.
Alternativ kann man den Flächeninhalt A auch näherungsweise bestimmen, indem man die Anzahl der zugehörigen Kästchen der Fläche zählt. Ein Kästchen entspricht einem Flächeninhalt von 20 FE. Da es etwa 24 Kästchen sind, beträgt der gesuchte Flächeninhalt näherungsweise 480 FE.

e) Die Aussage: «Hat der Graph einer Funktion f eine Nullstelle, so hat der Graph der zugehörigen Stammfunktion F eine Extremstelle» ist falsch, weil der Graph von F nur dann eine Extremstelle hat, wenn der Graph von f eine Nullstelle mit Vorzeichenwechsel hat. Hat der Graph von f eine Nullstelle ohne Vorzeichenwechsel, so hat der Graph von F eine Wendestelle mit Steigung Null, also einen Sattelpunkt.

Analysis A 3

Vorbereitungszeit: 20 Minuten, erlaubte Hilfsmittel: Taschenrechner (WTR), Merkhilfe

Gegeben ist die Funktion f mit $f(x) = \frac{1}{18}x^3 - \frac{1}{2}x^2 + 6$; $x \in \mathbb{R}$.
Die folgende Abbildung zeigt einen Ausschnitt des Schaubilds K von f.

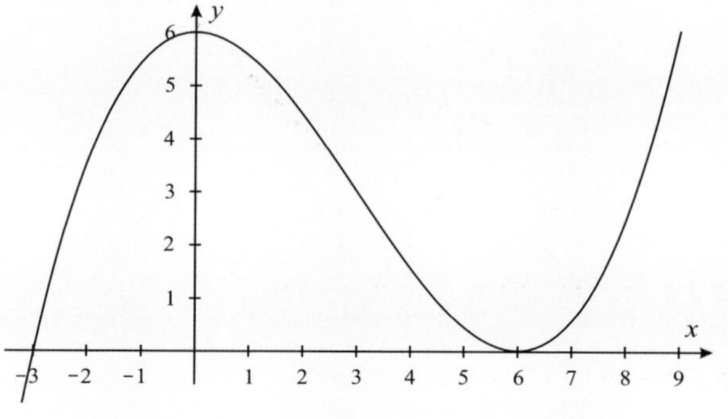

a) Bestimmen Sie die Werte von a, b und c, sodass gilt:
$f(x) = a \cdot (x-b) \cdot (x-c)^2$; $a,\ b,\ c,\ x \in \mathbb{R}$.

b) Berechnen Sie die Koordinaten des Wendepunktes von K und zeigen Sie, dass dieser auf der ersten Winkelhalbierenden liegt.

c) Der Graph K schließt mit der x-Achse eine Fläche ein. Bestimmen Sie einen Rechenausdruck zur Berechnung des Flächeninhalts dieser Fläche.

d) Geben Sie jeweils die Gleichung einer Geraden durch den Punkt $(0 \mid 6)$ an, die mit K

(1) genau einen Punkt

(2) genau drei Punkte gemeinsam hat

und erläutern Sie Ihr Vorgehen.

e) Die Gerade mit der Gleichung $y = m \cdot x + 6$ soll mit K genau zwei gemeinsame Punkte haben. Bestimmen Sie die beiden Werte für die Steigung m.

Tipps A 3

a) Bestimmen Sie die Nullstellen des Graphen K von f und beachten Sie, dass es eine einfache und eine doppelte Nullstelle gibt. Damit erhalten Sie mithilfe des Nullstellenansatzes b und c. Setzen Sie diese sowie die Koordinaten des Schnittpunktes P von K mit der y-Achse in den gegebenen Ansatz ein, stellen Sie eine Gleichung auf und lösen Sie diese nach a auf.

b) Die Koordinaten des Wendepunkts von K erhalten Sie mit der 2. und 3. Ableitung von f. Als notwendige Bedingung lösen Sie die Gleichung $f''(x) = 0$ nach x auf. Prüfen Sie, ob $f'''(x) \neq 0$ ist, so dass es sich um eine Wendestelle handelt.
Den zugehörigen y-Wert erhalten Sie, indem Sie den x-Wert in $f(x)$ einsetzen. Beachten Sie, dass ein Punkt auf der ersten Winkelhalbierenden liegt, wenn der x- und der y-Wert übereinstimmen.

c) Bestimmen Sie den Flächeninhalt A der Fläche, die der Graph K mit der x-Achse einschließt, mithilfe eines Integrals und des Hauptsatzes der Differential- und Integralrechnung: $\int_a^b f(x)\mathrm{d}x = \Big[\mathrm{F}(x)\Big]_a^b = \mathrm{F}(b) - \mathrm{F}(a)$, wobei F eine Stammfunktion von f ist.

d) Überlegen Sie, welche senkrechte Gerade mit K einen gemeinsamen Punkt hat. Als weiteren Ansatz verwenden Sie $y = m \cdot x + 6$, da die Gerade durch den Punkt $(0 \mid 6)$ geht. Überlegen Sie, welche Steigung die Geraden jeweils haben können, damit sie mit K genau einen Punkt oder drei Punkte gemeinsam haben. Bestimmen Sie dazu gegebenenfalls einen weiteren Punkt.

e) Beachten Sie, dass die Parallele zur x-Achse durch den Punkt $(0 \mid 6)$ mit K genau zwei gemeinsame Punkte hat, so dass Sie m_1 erhalten. Die weiteren gemeinsamen Punkte der Geraden mit der Gleichung $y = m \cdot x + 6$ und K erhalten Sie durch Gleichsetzen. Lösen Sie die Gleichung mithilfe des Satzes vom Nullprodukt und der abc-Formel. Beachten Sie, dass es eine weitere Lösung gibt, wenn der Term unter der Wurzel Null ergibt. Stellen Sie eine Gleichung auf und lösen Sie diese nach m auf.

Lösungen A 3

Es ist $f(x) = \frac{1}{18}x^3 - \frac{1}{2}x^2 + 6$; $x \in \mathbb{R}$ mit Graph K.

a) Der Graph K von f hat die Nullstellen $x_1 = -3$ (einfache Nullstelle) und $x_2 = 6$ (doppelte Nullstelle).
Damit ergibt sich mithilfe des Nullstellenansatzes:

$$f(x) = a \cdot (x - (-3)) \cdot (x-6)^2 = a \cdot (x+3) \cdot (x-6)^2$$

Somit erhält man: $b = -3$ und $c = 6$.
Anhand der gegebenen Funktionsgleichung kann man a als Koeffizient vor x^3 ablesen: $a = \frac{1}{18}$.
Alternativ kann man die Koordinaten von P(0 | 6) in $f(x)$ einsetzen (Punktprobe):

$$6 = a \cdot (0+3) \cdot (0-6)^2 \Leftrightarrow 6 = a \cdot 3 \cdot 36 \Rightarrow a = \frac{1}{18}$$

b) Die Koordinaten des Wendepunkts von K erhält man mit der 2. und 3. Ableitung von f:

$$f'(x) = \frac{1}{6}x^2 - x$$
$$f''(x) = \frac{1}{3}x - 1$$
$$f'''(x) = \frac{1}{3}$$

Als notwendige Bedingung löst man die Gleichung $f''(x) = 0$ nach x auf:

$$\frac{1}{3}x - 1 = 0 \Rightarrow x = 3$$

Wegen $f'''(x) = \frac{1}{3} \neq 0$ handelt es sich um eine Wendestelle.
Den zugehörigen y-Wert erhält man, indem man den x-Wert in $f(x)$ einsetzt:

$$y = f(3) = \frac{1}{18} \cdot 3^3 - \frac{1}{2} \cdot 3^2 + 6 = 3$$

Somit hat der Wendepunkt die Koordinaten W(3 | 3).
Da der x- und der y-Wert von W übereinstimmen, liegt W auf der ersten Winkelhalbierenden.

c) Den Flächeninhalt A der Fläche, die der Graph K mit der x-Achse einschließt, erhält man mithilfe eines Integrals:

$$\begin{aligned} A &= \int_{-3}^{6} f(x)\mathrm{d}x \\ &= \int_{-3}^{6} \left(\frac{1}{18}x^3 - \frac{1}{2}x^2 + 6\right)\mathrm{d}x \\ &= F(6) - F(-3) \end{aligned}$$

wobei $F(x) = \frac{1}{72}x^4 - \frac{1}{6}x^3 + 6x$ eine Stammfunktion von f ist.

d) (1) Eine Gerade, die mit K genau einen Punkt gemeinsam hat und durch den Punkt $(0 \mid 6)$ verläuft, hat z.B. die Gleichung $x = 0$ (y-Achse), weil eine senkrechte Gerade mit einer Kurve nur einen Punkt gemeinsam hat. Eine weitere Gerade läuft durch den Punkt $(2 \mid 0)$ und hat damit die Gleichung $y = -3x + 6$.

(2) Eine Gerade, die mit K genau drei Punkte gemeinsam hat und durch den Punkt $(0 \mid 6)$ verläuft, geht beispielsweise noch durch den Punkt $N(6 \mid 0)$ und $W(3 \mid 3)$. Sie hat damit die Steigung $m = -1$ und somit lautet die Gleichung: $y = -x + 6$.

e) Anhand des Graphen kann man erkennen, dass die Parallele zur x-Achse durch den Punkt $(0 \mid 6)$, also die Gerade mit der Gleichung $y = 6$, mit K genau zwei Punkte gemeinsam hat. Damit erhält man als erste Lösung die Steigung $m_1 = 0$.
Die weitere Steigung, für die die Gerade zwei gemeinsame Punkte mit K hat, erhält man, indem man die gemeinsamen Punkte der Geraden mit der Gleichung $y = m \cdot x + 6$ und K durch Gleichsetzen bestimmt:

$$\begin{aligned} \frac{1}{18}x^3 - \frac{1}{2}x^2 + 6 &= m \cdot x + 6 \\ \frac{1}{18}x^3 - \frac{1}{2}x^2 - m \cdot x &= 0 \\ x \cdot \left(\frac{1}{18}x^2 - \frac{1}{2} \cdot x - m\right) &= 0 \end{aligned}$$

Mithilfe des Satzes vom Nullprodukt erhält man $x_1 = 0$ und aus $\frac{1}{18}x^2 - \frac{1}{2} \cdot x - m = 0$ bzw. $x^2 - 9x - 18m = 0$ ergibt sich mithilfe der abc-Formel:

$$x_{2,3} = \frac{9 \pm \sqrt{9^2 - 4 \cdot 1 \cdot (-18m)}}{2 \cdot 1}$$

Wenn die Gerade mit K genau zwei gemeinsame Punkte haben soll, darf es neben $x_1 = 0$ nur noch eine weitere Lösung geben. Daher muss der Term unter der Wurzel Null ergeben:

$$9^2 - 4 \cdot 1 \cdot (-18m) = 0 \;\Leftrightarrow\; 81 + 72m = 0 \;\Rightarrow\; m_2 = -\frac{9}{8}$$

Somit hat die Gerade mit der Gleichung $y = m \cdot x + 6$ mit K für $m_1 = 0$ und $m_2 = -\frac{9}{8}$ genau zwei Punkte gemeinsam.

Analysis A 4

Vorbereitungszeit: 20 Minuten, erlaubte Hilfsmittel: Taschenrechner (WTR), Merkhilfe

Die Anzahl der Käufer einer neu eingeführten Smartphone-App soll modelliert werden. Dabei wird die momentane Änderungsrate beschrieben durch die Funktion f mit

$$f(t) = 6000 \cdot t \cdot e^{-0,5t}\ ;\ 0 \leqslant t \leqslant 12$$

(t in Monaten nach der Einführung, $f(t)$ in Käufer pro Monat).
Der Graph von f ist durch folgende Abbildung gegeben:

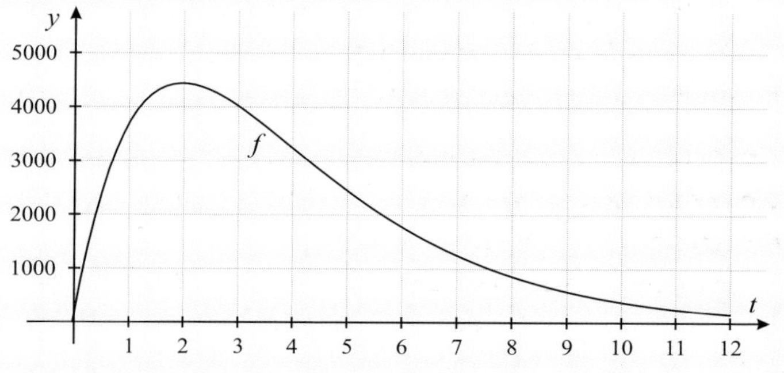

a) Geben Sie die maximale momentane Änderungsrate an.

b) Bestimmen Sie anhand der Abbildung den Zeitraum, in dem die momentane Änderungsrate größer als 4000 Käufer pro Monat ist.

c) Bestimmen Sie anhand der Abbildung näherungsweise die Zeitpunkte, zu denen die momentane Änderungsrate am stärksten abnimmt bzw. zunimmt.
Interpretieren Sie den Verlauf des Graphen von f in Bezug auf die Entwicklung der Käuferzahlen.

d) Erläutern Sie, wie man die Gesamtzahl der Käufer sechs Monate nach Einführung der App bestimmen kann.

e) Beschreiben Sie im Sachzusammenhang, was mit folgender Gleichung berechnet werden kann:

$$\int_t^{t+2} f(x)\,\mathrm{d}x = 5000$$

Tipps A 4

a) Die maximale momentane Änderungsrate erhalten Sie, indem Sie anhand des Graphen von f die Extremstelle ablesen und den zugehörigen y-Wert mithilfe des WTR bestimmen.

b) Den Zeitraum, in dem die momentane Änderungsrate größer als 4000 Käufer pro Monat ist, erhalten Sie, indem Sie die Gerade $y = 4000$ mit dem Graphen von f schneiden und die Schnittstellen anhand der Abbildung bestimmen.

c) Die Zeitpunkte, zu denen die momentane Änderungsrate am stärksten abnimmt bzw. zunimmt, erhalten Sie, indem Sie anhand des Graphen von f die Stellen mit maximaler und minimaler Tangentensteigung bestimmen. Beachten Sie, dass $f(t)$ stets positiv ist, aber dass $f(t)$ die Änderungsrate der Käufer und nicht die Anzahl der Käufer beschreibt.

d) Die Gesamtzahl K der Käufer sechs Monate nach Einführung der App erhalten Sie mithilfe eines Integrals. Beachten Sie, dass der Wert dieses Integrals dem Flächeninhalt der Fläche zwischen dem Graphen von f und der t-Achse im angegebenen Intervall entspricht. Durch «Kästchenzählen» können Sie den Flächeninhalt näherungsweise bestimmen. Beachten Sie, dass ein Kästchen 1000 Käufern entspricht.

e) Überlegen Sie, welche Summe mithilfe der gegebenen Integralgleichung berechnet wird und welche Bedeutung das Intervall $[t\,;\,t+2]$ hat.

Lösungen A 4

Es ist $f(t) = 6000 \cdot t \cdot e^{-0,5t}$; $t \geqslant 0$ (t in Monaten nach der Einführung, $f(t)$ in Käufer pro Monat).

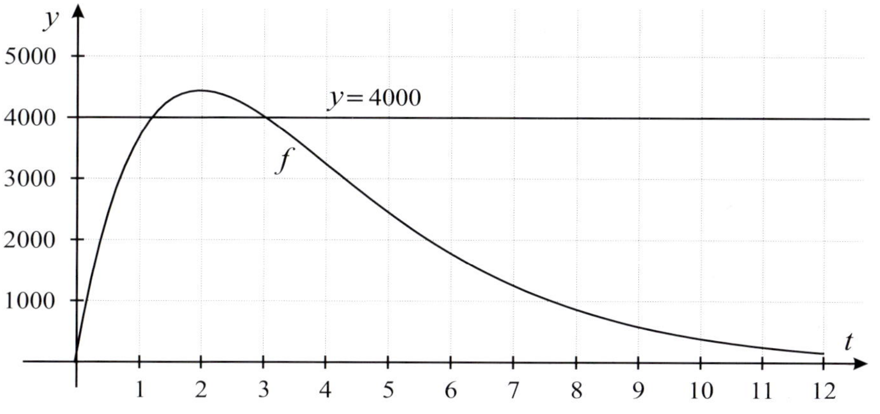

a) Die maximale momentane Änderungsrate erhält man, indem man das Maximum von $f(t)$ mithilfe des gegebenen Graphen bestimmt:

$$t = 2 \text{ und } f(2) \approx 4415 \text{ (WTR)}$$

Somit beträgt die maximale momentane Änderungsrate etwa 4415 Käufer pro Monat.

b) Den Zeitraum, in dem die momentane Änderungsrate größer als 4000 Käufer pro Monat ist, erhält man, indem man die Gerade $y = 4000$ mit dem Graphen von f schneidet. Es ergeben sich anhand der Abbildung näherungsweise die Schnittstellen:

$$t_1 \approx 1,2 \text{ und } t_2 \approx 3,0$$

Somit ist im Zeitraum zwischen etwa 1,2 und 3 Monaten nach der Einführung die momentane Änderungsrate größer als 4000 Käufer pro Monat.

c) Die Zeitpunkte, zu denen die momentane Änderungsrate am stärksten abnimmt bzw. zunimmt, erhält man anhand des Graphen von f, indem man die Stellen mit maximaler und minimaler Tangentensteigung bestimmt.
Bei $t_1 = 0$ ist die Tangensteigung am größten (positiv), bei $t_2 \approx 4,0$ ist die Tangentensteigung am stärksten negativ (Wendestelle).
Somit nimmt zum Zeitpunkt der Einführung die momentane Änderungsrate am stärksten zu, etwa 4 Monate nach der Einführung nimmt sie am stärksten ab.

Für $0 \leqslant t \leqslant 2$ nimmt $f(t)$ stark zu, die Gesamtzahl der Käufer steigt stark an.
Für $t > 2$, also ab zwei Monaten nach der Einführung, ist die momentane Änderungsrate zwar streng monoton fallend, aber stets positiv, so dass die Gesamtzahl der Käufer theoretisch ständig zunimmt, die Zunahme aber immer geringer wird. Ab einem gewissen Zeitpunkt wird die Zunahme so gering sein (weniger als eine Person), dass dann die Gesamtzahl der Käufer konstant bleibt.

d) Die Gesamtzahl K der Käufer sechs Monate nach Einführung der App erhält man mithilfe eines Integrals:

$$\mathrm{K} = \int_0^6 f(t)\,\mathrm{d}t$$

Der Wert dieses Integrals entspricht dem Flächeninhalt der Fläche zwischen dem Graphen von f und der t-Achse im Intervall $[0\,;6]$.
Durch «Kästchenzählen» kann man den Flächeninhalt näherungsweise bestimmen. Es ergeben sich etwa 19 Kästchen. Da einem Kästchen 1000 Käufer entsprechen, beträgt die Gesamtzahl der Käufer sechs Monate nach der Einführung etwa 19000.

e) Mithilfe der Integralgleichung

$$\int_t^{t+2} f(x)\,\mathrm{d}x = 5000$$

kann man den Beginn eines Zeitraumes von zwei Monaten berechnen, in dem es 5000 neue Käufer gibt, da durch das Integral die Summe der neuen Käufer gebildet wird und das Intervall $[t\,;t+2]$ einem Zeitintervall entspricht, das zu einem bestimmten Zeitpunkt t beginnt und 2 Monate umfasst.

Analysis A 5

Vorbereitungszeit: 20 Minuten, erlaubte Hilfsmittel: Taschenrechner (WTR), Merkhilfe

Gegeben ist die Funktion g durch $g(x) = -2x^2 + 8x - 6$. In der Abbildung sind die Graphen der Funktionen f, g und h dargestellt:

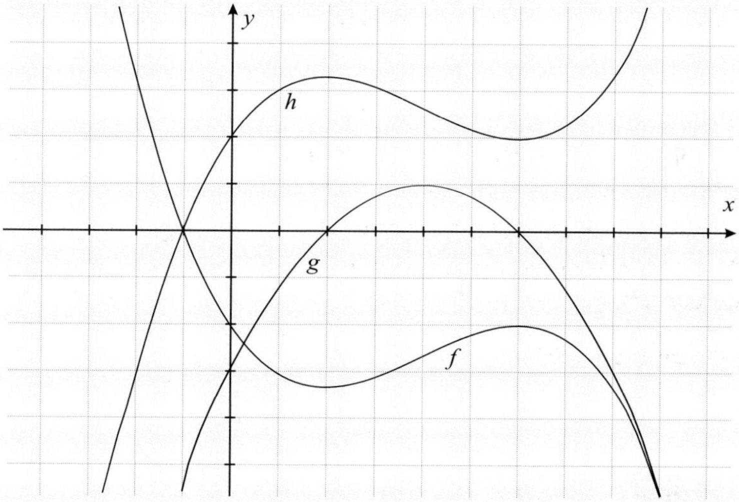

a) Beschriften Sie in der gegebenen Abbildung die Achsen mit einer geeigneten Skala.

b) Entscheiden Sie, welche der beiden Funktionen f oder h eine Stammfunktion von g ist. Geben Sie dafür zwei (verschiedene) Gründe an.

c) Erläutern Sie, wie man den Flächeninhalt A der Fläche bestimmen kann, die von den Graphen von f und g eingeschlossen wird.

d) Beschreiben Sie ein Verfahren, wie man die Stelle x im Intervall $[0; 4]$ bestimmen kann, für die der Abstand der Funktionswerte $f(x)$ und $g(x)$ am größten ist.

Tipps A 5

a) Zur Beschriftung der Achsen berechnen Sie zum Beispiel die Koordinaten des Extrempunkts des Graphen von g mithilfe der 1. Ableitung. Alternativ können Sie auch eine Wertetabelle aufstellen.

b) Überlegen Sie, welche Steigung eine Stammfunktion von g an bestimmten Punkten hat und welcher Art der Extrempunkt des Graphen der Stammfunktion ist (Hoch- oder Tiefpunkt), wenn g einen Vorzeichenwechsel an einer Nullstelle hat.

c) Den Flächeninhalt A der Fläche, die von den Graphen von f und g eingeschlossen wird, erhalten Sie mithilfe eines Integrals. Die Integrationsgrenzen sind dabei die Schnittstellen von f und g.

d) Stellen Sie eine Differenzfunktion $d(x)$ der Funktionswerte von $f(x)$ und $g(x)$ auf. Überlegen Sie, wie man mithilfe von Ableitungen von $d(x)$ das Maximum dieser Differenzfunktion bestimmen kann.

Lösungen A 5

a) Eine Möglichkeit, um die Achsen geeignet zu beschriften, ist es, den Extrempunkt des Graphen von g zu bestimmen. Diesen erhält man mithilfe der 1. Ableitung von g:

$$g'(x) = -2 \cdot 2x + 8 = -4x + 8$$

Die notwendige Bedingung $g'(x) = 0$ führt zu $-4x + 8 = 0$ mit der Lösung $x = 2$.
Setzt man $x = 2$ in $g(x)$ ein, so erhält man den y-Wert:

$$g(2) = -2 \cdot 2^2 + 8 \cdot 2 - 6 = 2$$

Somit hat der Extrempunkt, der Scheitel der Parabel, die Koordinaten $S(2 \mid 2)$.

Alternativ kann man auch eine Wertetabelle aufstellen:

x	0	1	2	3	4
$g(x)$	-6	0	2	0	-6

Nun können die Achsen beschriftet werden.
Für die x-Achse gilt: 1 LE $\widehat{=}$ 2 Hilfsgitterlinien,
für die y-Achse gilt: 2 LE $\widehat{=}$ 1 Hilfsgitterlinie.

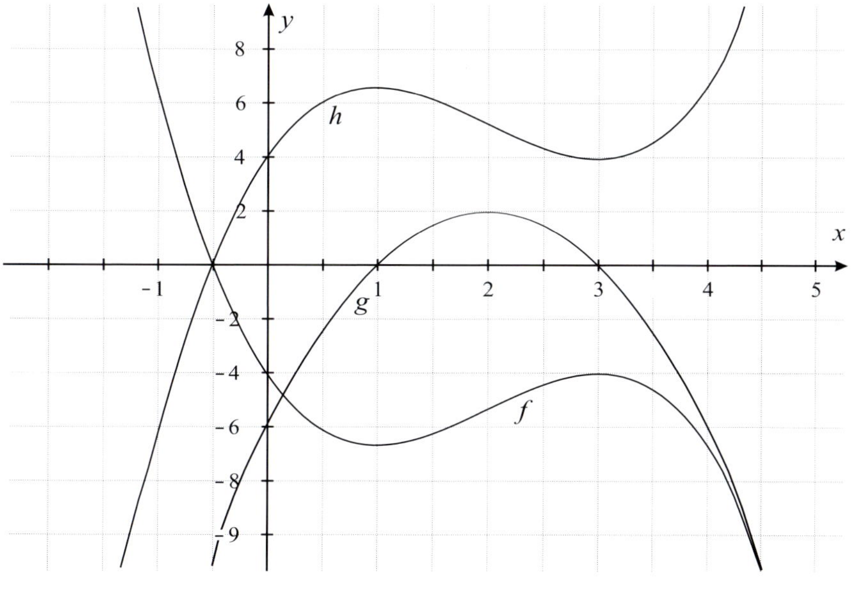

b) Es ist $g(x) = -2x^2 + 8x - 6$. Das ist die Gleichung einer Parabel und f ist eine Stammfunktion von g. Dies kann folgendermaßen begründet werden:
Da $g(0) < 0$, muss eine Stammfunktion von g für $x = 0$ eine negative Steigung besitzen. Dies ist bei f der Fall.
Da g bei der kleineren der beiden Nullstellen einen Vorzeichenwechsel von $-$ nach $+$ hat, muss eine Stammfunktion von g an dieser Stelle ein Minimum haben. Entsprechend liegt bei der anderen Nullstelle von g ein VZW von $+$ nach $-$ vor; eine Stammfunktion muss dort ein Maximum haben. Dies ist bei f der Fall.
Da der Graph von g einen Hochpunkt mit positivem y-Wert hat, muss der Graph der Stammfunktion von g an der entsprechenden Stelle einen Wendepunkt mit positiver Steigung haben. Dies ist bei f der Fall.

c) Um den Flächeninhalt A der Fläche, die von den Graphen von f und g eingeschlossen wird, zu berechnen, verwendet man den Hauptsatz der Differential- und Integralrechnung; die Integrationsgrenzen sind die Schnittstellen x_1 und x_2 von f und g. Diese kann man bestimmen, indem man die Funktionsgleichungen von f und g gleichsetzt und die entstandene Gleichung nach x auflöst.
Da der Graph von g oberhalb des Graphen von f verläuft, ergibt sich für den Flächeninhalt:

$$\mathrm{A} = \int_{x_1}^{x_2} (g(x) - f(x))\,dx = \Big[\mathrm{G}(x) - \mathrm{F}(x)\Big]_{x_1}^{x_2} = \mathrm{G}(x_2) - \mathrm{F}(x_2) - (\mathrm{G}(x_1) - \mathrm{F}(x_1))$$

wobei G eine Stammfunktion von g und F eine Stammfunktion von f ist.

d) Um den maximalen Abstand d.h. die maximale Differenz der Funktionswerte von $f(x)$ und $g(x)$ im Intervall $[0; 4]$ zu bestimmen, betrachtet man die Extremwerte der Differenzfunktion $d(x)$ der Funktionswerte von $f(x)$ und $g(x)$. Da im betrachteten Intervall der Graph von g oberhalb des Graphen von f verläuft, wird $f(x)$ von $g(x)$ subtrahiert:

$$d(x) = g(x) - f(x)$$

Um die Extremwerte zu bestimmen, benötigt man die 1. und 2. Ableitung von $d(x)$.
Als notwendige Bedingung löst man die Gleichung $d'(x) = 0$ nach x auf.
Die Lösungen dieser Gleichung setzt man in die 2. Ableitung $d''(x)$ ein, um sicherzustellen, dass es sich um ein relatives Maximum handelt. Wenn $d''(x) < 0$ an der entsprechenden Stelle gilt, handelt es sich um ein Maximum, da sich die beiden Graphen ja zweimal schneiden, so dass die Randwerte Null sind.

Analysis A 6

Vorbereitungszeit: 20 Minuten, erlaubte Hilfsmittel: Taschenrechner (WTR), Merkhilfe

Die Abbildung zeigt den Graphen einer Funktion f, die für $0 \leqslant t \leqslant 17$ die Höhe einer Pflanze in Abhängigkeit von der Zeit beschreibt. Dabei ist t die seit Beobachtungsbeginn vergangene Zeit in Wochen und $f(t)$ die Höhe in Zentimetern.

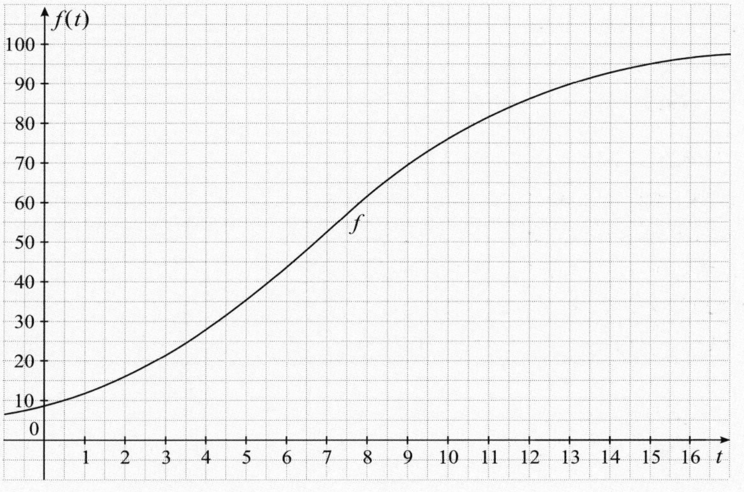

a) Geben Sie den Zeitraum an, in dem die Höhe der Pflanze von 20 cm auf 40 cm zunimmt.

b) Bestimmen Sie anhand der Abbildung näherungsweise die momentane Änderungsrate der Pflanzenhöhe 3,5 Wochen nach Beobachtungsbeginn.

c) Die Funktion f hat bei $t = 6{,}5$ eine Wendestelle.
Beschreiben Sie die Bedeutung dieser Wendestelle im Sachzusammenhang.

d) Formulieren Sie zur Gleichung $f(t+2) - f(t) = 5$ eine Fragestellung im Sachzusammenhang. Geben Sie eine Lösung der Gleichung an.

e) Bestimmen Sie die Gleichung einer trigonometrischen Funktion g, für die gilt:

$$\int_0^{\frac{\pi}{2}} g(x)\,\mathrm{d}x = 4.$$

Tipps A 6

a) Bestimmen Sie anhand der gegebenen Abbildung die t-Werte zu den Funktionswerten 20 und 40 und bilden Sie die Differenz der beiden t-Werte.

b) Die momentane Änderungsrate der Pflanzenhöhe 3,5 Wochen nach Beobachtungsbeginn erhalten Sie, indem Sie an der Stelle $t = 3{,}5$ in die gegebene Abbildung eine Tangente einzeichnen und die zugehörige Steigung bestimmen.

c) Beachten Sie, dass bei einer Wendestelle einer Funktion die momentane Änderungsrate der Funktion extremal ist, d.h. der zugehörige Graph einen Hoch- oder Tiefpunkt hat. Überlegen Sie, was dies für die Wachstumsgeschwindigkeit der Pflanze bedeutet.

d) Überlegen Sie, was $f(t+2)$ und $f(t)$ sowie ihre Differenz bedeuten. Bestimmen Sie anhand der gegebenen Abbildung zwei Funktionswerte, die sich um 5 unterscheiden, wobei sich die zugehörigen t-Werte um 2 unterscheiden müssen.

e) Verwenden Sie beispielsweise den Ansatz $g(x) = a \cdot \sin(x)$ und berechnen Sie das Integral in Abhängigkeit von a. Bestimmen Sie mithilfe $\int_0^{\frac{\pi}{2}} g(x)\mathrm{d}x = 4$ den Wert von a. Alternativ können Sie auch den Ansatz $g(x) = a \cdot \cos(x)$ verwenden.

Lösungen A 6

a) Anhand der gegebenen Abbildung kann man die Zeitpunkte, zu denen die Höhe der Pflanze 20 cm bzw. 40 cm beträgt, ablesen:

$$f(2{,}6) \approx 20 \text{ und } f(5{,}5) \approx 40$$

Somit nimmt die Höhe der Pflanze im Zeitraum zwischen etwa $2{,}6$ und $5{,}5$ Wochen nach Beobachtungsbeginn von 20 cm auf 40 cm zu (eingezeichnet in der Zeichnung unten).

b) Die momentane Änderungsrate der Pflanzenhöhe 3,5 Wochen nach Beobachtungsbeginn erhält man, indem man an der Stelle $t = 3{,}5$ in die gegebene Abbildung eine Tangente einzeichnet und die zugehörige Steigung bestimmt:

$$f'(3{,}5) \approx \frac{30}{4{,}5} \approx 6{,}7$$

Somit beträgt die momentane Änderungsrate der Pflanzenhöhe $3{,}5$ Wochen nach Beobachtungsbeginn etwa $6{,}7$ cm pro Woche.

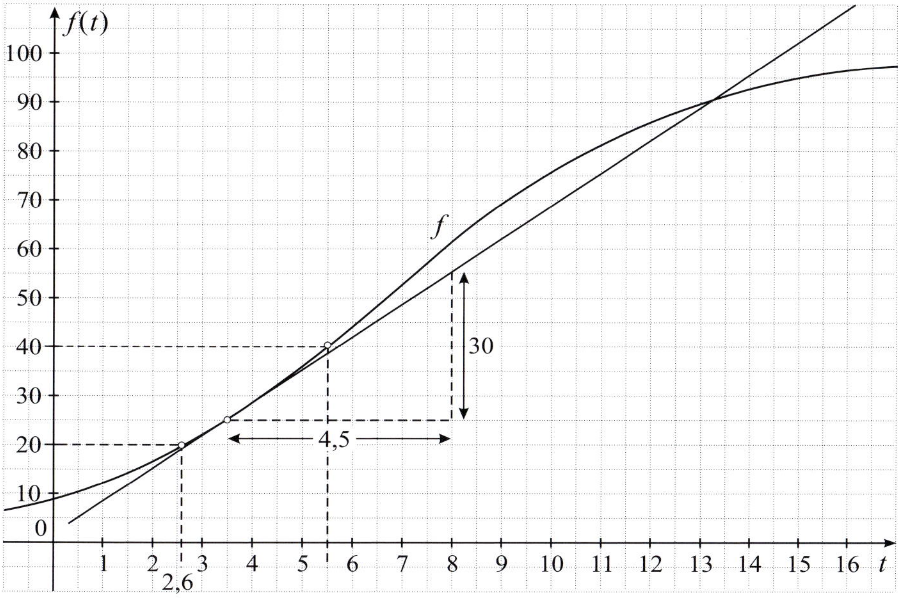

c) Da die Funktion f bei $t = 6{,}5$ eine Wendestelle hat, bedeutet dies im Sachzusammenhang, dass zum Zeitpunkt $6{,}5$ Wochen die momentane Änderungsrate der Pflanzenhöhe maximal ist, d.h. dass die Pflanze zu diesem Zeitpunkt am schnellsten wächst bzw. die Wachstumsgeschwindigkeit maximal ist.

d) Die Gleichung $f(t+2) - f(t) = 5$ bedeutet, dass die Differenz der Funktionswerte im Intervall $[t\,;t+2]$ den Wert 5 hat.
Der Wert von $f(t)$ beschreibt die Pflanzenhöhe zu einem Zeitpunkt t, der Wert von $f(t+2)$ beschreibt die Pflanzenhöhe zu einem Zeitpunkt, der zwei Wochen nach t liegt.
Im Sachzusammenhang bedeutet die Gleichung, dass der Unterschied der Höhe in einem 2-Wochen-Zeitraum 5 cm beträgt.
Also lautet die Frage: «In welchem 2-Wochen-Zeitraum wächst die Pflanze um 5 cm?».
Anhand der gegebenen Abbildung werden zwei Funktionswerte bestimmt, deren Differenz 5 beträgt, wobei sich die zugehörigen t-Werte um 2 unterscheiden müssen. Wegen $f(15) = 95$ und $f(13) = 90$ und damit $f(15) - f(13) = 5$ ist eine Lösung der Gleichung: $t = 13$.

e) Für $g(x) = a \cdot \sin(x)$ gilt:

$$\begin{aligned}\int_0^{\frac{\pi}{2}} g(x)\mathrm{d}x &= \int_0^{\frac{\pi}{2}} a \cdot \sin(x)\mathrm{d}x \\ &= [-a \cdot \cos(x)]_0^{\frac{\pi}{2}} \\ &= -a \cdot \cos\left(\frac{\pi}{2}\right) - (-a \cdot \cos(0)) \\ &= -a \cdot 0 - (-a \cdot 1) \\ &= a\end{aligned}$$

Wegen $\int_0^{\frac{\pi}{2}} g(x)\mathrm{d}x = 4$ folgt: $a = 4$. Also hat die Funktion g die Gleichung $g(x) = 4 \cdot \sin(x)$.
Alternativ kann man auch den Ansatz $g(x) = a \cdot \cos(x)$ verwenden. Damit ergibt sich:

$$\begin{aligned}\int_0^{\frac{\pi}{2}} g(x)\mathrm{d}x &= \int_0^{\frac{\pi}{2}} a \cdot \cos(x)\mathrm{d}x \\ &= [a \cdot \sin(x)]_0^{\frac{\pi}{2}} \\ &= a \cdot \sin\left(\frac{\pi}{2}\right) - (a \cdot \sin(0)) \\ &= a \cdot 1 - (a \cdot 0) \\ &= a\end{aligned}$$

Somit kann die Funktion g auch die Gleichung $g(x) = 4 \cdot \cos(x)$ haben.

Analysis A 7

Vorbereitungszeit: 20 Minuten, erlaubte Hilfsmittel: Taschenrechner (WTR), Merkhilfe

Gegeben sind die Abbildungen A, B und C. Sie zeigen die Schaubilder einer ganzrationalen Funktion f, der Ableitungsfunktion h von f und einer weiteren ganzrationalen Funktion g.

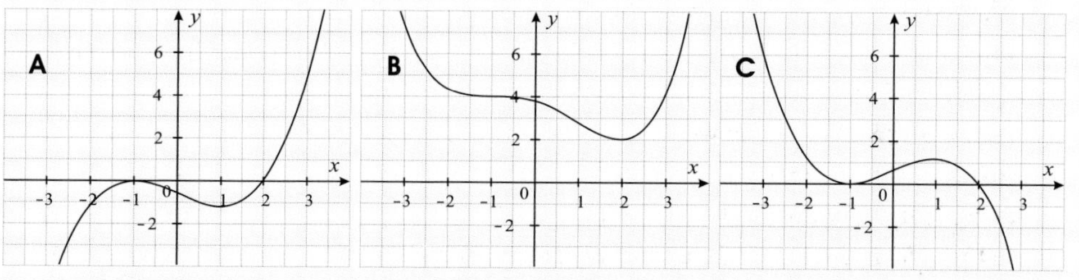

a) Begründen Sie, welche Abbildung zum Schaubild von f, g und h gehört.

b) Erläutern Sie, wie man mithilfe der Zeichnung einen Funktionsterm der Funktion h, die zu Abbildung A gehört, aufstellen kann. Es gilt $h(0) = -0{,}5$.

c) Berechnen Sie den Flächeninhalt der Fläche, die der Graph der Funktion h, die zu Abbildung A gehört, mit der x-Achse einschließt.

d) Der Graph einer beliebigen integrierbaren Funktion f ist punktsymmetrisch bezüglich des Koordinatenursprungs.

I) Begründen Sie, dass für alle $a \in \mathbb{R}^+$ gilt: $\int_{-a}^{a} f(x)\,dx = 0$.

II) Geben Sie einen möglichen Term der Funktion f an. Zeigen Sie für dieses f die Gültigkeit der Aussage aus Aufgabenteil I) durch Integration mithilfe einer Stammfunktion.

Tipps A 7

a) Überlegen Sie, welche Eigenschaften das Schaubild der Ableitungsfunktion h hat, wenn der Graph einer Funktion f einen Sattelpunkt und einen Tiefpunkt hat. Beachten Sie auch, dass bei einem Tiefpunkt die Ableitung eine Nullstelle mit Vorzeichenwechsel von $-$ nach $+$ und bei einem Hochpunkt von $+$ nach $-$ hat.

b) Eine allgemeine Funktion h dritten Grades kann durch den folgenden Funktionsterm beschrieben werden: $h(x) = ax^3 + bx^2 + cx + d$. Überlegen Sie, welche Informationen Sie aus der Zeichnung erhalten können, um a, b, c und d zu bestimmen. Alternativ können Sie auch den Nullstellenansatz $h(x) = a \cdot (x - x_1)^2 \cdot (x - x_2)$ verwenden, wobei x_1 eine doppelte und x_2 eine einfache Nullstelle ist.

c) Um den Flächeninhalt der Fläche, die vom Graphen der Funktion h und der x-Achse eingeschlossen wird, zu bestimmen, verwenden Sie ein Integral sowie den Hauptsatz der Differential- und Integralrechnung.

d) I) Wenn der Graph einer Funktion f punktsymmetrisch zum Koordinatenursprung ist, so gilt für alle x:

$$f(-x) = -f(x)$$

II) Wählen Sie z.B. die Funktion f mit $f(x) = x^3$ und fertigen Sie eine Skizze an.

Lösungen A 7

a) Wären die Abbildungen A oder C Graphen der Funktion f, müsste h eine Nullstelle bei $x = 1$ haben, da die Graphen der Abbildungen A und C dort Extrempunkte besitzen. Keines der Schaubilder hat dort aber eine Nullstelle.

Die Abbildung B hat bei $x = -1$ einen Sattelpunkt und bei $x = 2$ einen Tiefpunkt. Somit hat das Schaubild der 1. Ableitung der zu Abbildung B gehörigen Funktion bei $x = -1$ eine doppelte Nullstelle und bei $x = 2$ eine einfache Nullstelle. Diese beiden Eigenschaften treffen auf die Abbildungen A und C zu. Da bei einem Tiefpunkt die 1. Ableitung das Vorzeichen von − nach + wechselt, kommt nur Abbildung A als Schaubild der Ableitungsfunktion von Abbildung B in Frage. Somit gehört die Abbildung B zum Schaubild von f, Abbildung A zum Schaubild von h und Abbildung C zum Schaubild von Funktion g.

b) Eine ganzrationale Funktion h dritten Grades kann durch den folgenden Funktionsterm beschrieben werden: $h(x) = ax^3 + bx^2 + cx + d$ und $h'(x) = 3ax^2 + 2bx + c$. Es sind also a, b, c und d zu bestimmen. Aus der Zeichnung entnimmt man $h(-1) = 0$ (Nullstelle), $h'(-1) = 0$ (Hochpunkt bei $x = -1$), $h(2) = 0$ (Nullstelle).
Zusätzlich ist noch $h(0) = -0,5$ angegeben. Mit diesen Informationen gilt:

$$\begin{array}{lcrcrcrcrcr}
h(-1)=0 & \Rightarrow & a\cdot(-1)^3 & + & b\cdot(-1)^2 & + & c\cdot(-1) & + & d & = & 0\\
h'(-1)=0 & \Rightarrow & 3a\cdot(-1)^2 & + & 2b\cdot(-1) & + & c & & & = & 0\\
h(2)=0 & \Rightarrow & a\cdot 2^3 & + & b\cdot 2^2 & + & c\cdot 2 & + & d & = & 0\\
h(0)=-0,5 & \Rightarrow & a\cdot 0^3 & + & b\cdot 0^2 & + & c\cdot 0 & + & d & = & -0,5
\end{array}$$

Daraus ergibt sich das folgende Gleichungssystem, mit dem man die Werte von a, b, c und d bestimmen kann:

$$\begin{array}{rcrcrcrcr}
-a & + & b & - & c & + & d & = & 0\\
3a & - & 2b & + & c & & & = & 0\\
8a & + & 4b & + & 2c & + & d & = & 0\\
 & & & & & & d & = & -0,5
\end{array}$$

Alternativ kann man auch den Nullstellenansatz $h(x) = a\cdot(x - x_1)^2\cdot(x - x_2)$ verwenden. Da der Graph von h bei $x = -1$ eine doppelte Nullstelle und bei $x = 2$ eine einfache Nullstelle hat, gilt:

$$h(x) = a\cdot(x+1)^2\cdot(x-2)$$

Setzt man $h(0) = -0,5$ in diese Gleichung ein, kann man a bestimmen.

c) Den Flächeninhalt A der Fläche, den der Graph der Funktion h von Abbildung A mit der x-Achse einschließt, erhält man mithilfe eines Integrals. Die Integrationsgrenzen sind die Nullstellen von h. Da der Graph von h unterhalb der x-Achse verläuft und f eine Stammfunktion von h ist, ergibt sich mithilfe des Hauptsatzes der Differential- und Integralrechnung:

$$
\begin{aligned}
\mathrm{A} &= \int_{-1}^{2} (0 - h(x))\,\mathrm{d}x \\
&= -\int_{-1}^{2} h(x)\mathrm{d}x \\
&= -\Big[f(x)\Big]_{-1}^{2} \\
&= -(f(2) - f(-1)) \\
&= -(2-4) \\
&= 2
\end{aligned}
$$

d) I) Ist der Graph einer Funktion f punktsymmetrisch zum Koordinatenursprung, so gilt für alle $x \in \mathrm{D}_f$:

$$f(-x) = -f(x)$$

Damit ist der Flächeninhalt der Fläche zwischen dem Graphen von f und der x-Achse im Intervall $[-a\,;0]$ aufgrund der Punktsymmetrie zum Ursprung genau gleich groß wie der Flächeninhalt der Fläche zwischen dem Graphen von f und der x-Achse im Intervall $[0\,;a]$. Da wegen der Punktymmetrie bei der Berechnung des Integrals $\int_{-a}^{a} f(x)\mathrm{d}x$ diese beiden Flächeninhalte mit unterschiedlichem Vorzeichen eingehen, gilt für alle $a \in \mathrm{I\!R}^+$:

$$\int_{-a}^{a} f(x)\mathrm{d}x = \int_{-a}^{0} f(x)\mathrm{d}x + \int_{0}^{a} f(x)\mathrm{d}x = -\int_{0}^{a} f(x)\mathrm{d}x + \int_{0}^{a} f(x)\mathrm{d}x = 0$$

II) Beispielsweise kann man die Funktion f mit $f(x) = x^3$ wählen, da

$$f(-x) = (-x)^3 = -x^3 = -f(x)$$

gilt und somit der Graph von f punktsymmetrisch zum Koordinatenursprung ist.
Damit erhält man:

$$
\begin{aligned}
\int_{-a}^{a} f(x)\mathrm{d}x = \int_{-a}^{a} x^3\mathrm{d}x &= \left[\frac{1}{4}x^4\right]_{-a}^{a} \\
&= \left(\frac{1}{4}a^4\right) - \left(\frac{1}{4}\cdot(-a)^4\right) \\
&= \frac{1}{4}a^4 - \frac{1}{4}a^4 \\
&= 0
\end{aligned}
$$

Analysis A 8

Vorbereitungszeit: 20 Minuten, erlaubte Hilfsmittel: Taschenrechner (WTR), Merkhilfe

Gegeben ist der Graph K_f einer Funktion f mit

$$f(x) = 6\sin(\pi \cdot x);\ x \in [0; k]$$

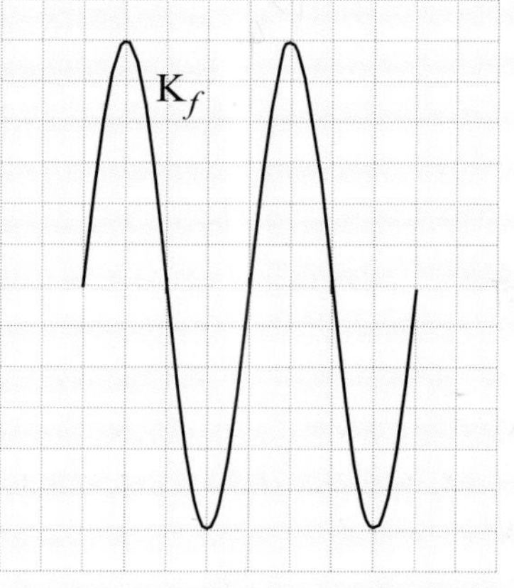

a) Ergänzen Sie die x- und die y-Achse so, dass die vorgegebene Kurve K_f den Graphen von f darstellt.

b) Ermitteln Sie die Periode, die Amplitude, die Nullstellen von f und den Wert k, der die rechte Intervallgrenze bestimmt.
Skalieren Sie damit das Koordinatensystem.

c) Beschreiben Sie, wie K_f aus dem Graphen der Funktion g mit $g(x) = \sin(x)$ hervorgeht.

d) Begründen Sie anhand der Abbildung, dass gilt: $\int_0^4 f(x)\,dx = 0$.
Erläutern Sie, wie man den Flächeninhalt *einer* Fläche, die K_f mit der x-Achse zwischen zwei Nullstellen einschließt, bestimmen kann.

e) Welche der folgenden Aussagen sind falsch, welche richtig und welche sind nur bedingt richtig?
Geben Sie für falsche Aussagen ein Gegenbeispiel an.

I) Die Funktionen f mit $f(x) = e^{k \cdot x}$; $x \in \mathbb{R}$ sind streng monoton wachsend.

II) Eine Polynomfunktion 4. Grades, deren Schaubild symmetrisch zur y-Achse ist, hat auf der y-Achse eine Wendestelle.

Tipps A 8

a) Beachten Sie, dass der Graph von f bei $x = 0$ beginnt und überlegen Sie, welche Amplitude er hat.

b) Die Periode p von f erhalten Sie durch $p = \frac{2\pi}{b}$. Die Amplitude von f können Sie am Term der Funktion f ablesen. Die Nullstellen von f erhalten Sie durch Lösen der Gleichung $f(x) = 0$. Überlegen Sie, wie viele Nullstellen f hat und bestimmen Sie damit k.

c) Überlegen Sie, wie der Graph der Funktion g mit $g(x) = \sin(x)$ in y- und in x-Richtung gestreckt/ gestaucht wurde.

d) Beachten Sie, dass orientierte Flächeninhalte oberhalb der x-Achse ein positives Vorzeichen, orientierte Flächeninhalte unterhalb der x-Achse ein negatives Vorzeichen haben. Bestimmen Sie den Flächeninhalt A der Fläche, die das Schaubild K mit der x-Achse zwischen zwei Nullstellen einschließt, mithilfe eines Integrals und des Hauptsatzes der Differential- und Integralrechnung:

$$\int_a^b f(x)\mathrm{d}x = \Big[\mathrm{F}(x)\Big]_a^b = \mathrm{F}(b) - \mathrm{F}(a)$$

wobei F eine Stammfunktion von f ist.

e) I) Bestimmen Sie die 1. Ableitung der Funktionen f mit $f(x) = e^{k \cdot x}$; $x \in \mathbb{R}$ mit der Kettenregel. Überlegen Sie, für welche Werte von k die 1. Ableitung größer oder kleiner als Null ist.

II) Beachten Sie, dass eine Polynomfunktion 4. Grades, die achsensymmetrisch zur y-Achse ist, die Form $f(x) = ax^4 + bx^2 + c$ hat. Bestimmen Sie die ersten drei Ableitungen von f und überlegen Sie, für welchen Wert von b die notwendige Bedingung $f''(x) = 0$ bei $x = 0$ gilt. Überlegen Sie, ob dann $f''(x)$ bei $x = 0$ einen Vorzeichenwechsel haben kann. Betrachten Sie als Gegenbeispiel z.B. den Graph der Funktion $f(x) = x^4$. Überlegen Sie, ob er auf der y-Achse einen Wendepunkt hat.

Lösungen A 8

a) Da es sich bei $f(x) = 6\sin(\pi \cdot x)$; $x \in [0; k]$ um eine Sinusfunktion mit Amplitude 6 handelt, die bei $x = 0$ beginnt, kann man die Koordinatenachsen folgendermaßen einzeichnen (Skalierung folgt bei Teilaufgabe b):

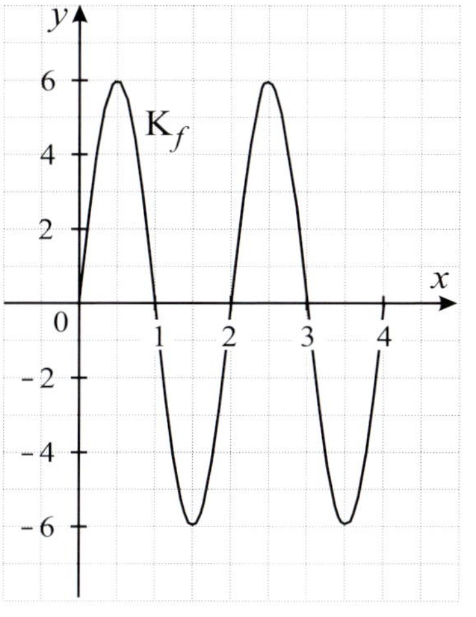

b) Es ist $f(x) = 6\sin(\pi \cdot x)$; $x \in [0; k]$.
Die Periode p von f erhält man durch $p = \frac{2\pi}{b} = \frac{2\pi}{\pi} = 2$.
Die Amplitude ist $a = 6$.
Die Nullstellen von f erhält man durch $f(x) = 0$.
Dies führt zu $6\sin(\pi \cdot x) = 0$ bzw. $\sin(\pi \cdot x) = 0$ mit den Lösungen

$$x_1 = 0,\ x_2 = 1,\ x_3 = 2,\ x_4 = 3,\ x_5 = 4$$

da die Sinusfunktion bei ganzzahligen Vielfachen von π Nullstellen hat.
Da $f(x)$ bis zur Nullstelle $x = k$ gezeichnet ist, ergibt sich als rechte Intervallgrenze $k = 4$.
Damit kann man das Koordinatensystem skalieren.

c) K_f geht aus dem Graph der Funktion g mit $g(x) = \sin(x)$ folgendermaßen hervor:
Streckung in y-Richtung mit Faktor 6 und Streckung in x-Richtung mit Faktor $\frac{1}{\pi}$ bzw. Stauchung mit Faktor π.

d) Bei der Funktion $f(x) = 6\sin(\pi \cdot x)$; $x \in [0; k]$ handelt es sich um eine Sinusfunktion, deren «Mittellinie» auf der x-Achse liegt. Im Intervall $[0; 4]$ sind die Flächen oberhalb und unterhalb der x-Achse gleich groß. Da orientierte Flächeninhalte unterhalb der x-Achse ein negatives Vorzeichen besitzen, ergibt sich als Wert für das Integral im angegebenen Intervall genau Null, da sich die positiv und negativ orientierten Flächeninhalte aufheben.

Den Flächeninhalt A einer Fläche, die der Graph K_f zwischen zwei Nullstellen mit der x-Achse einschließt, erhält man mithilfe eines Integrals:

$$\begin{aligned} A &= \int_0^1 f(x)\mathrm{d}x \\ &= \int_0^1 (6\sin(\pi x))\,\mathrm{d}x \\ &= F(1) - F(0) \end{aligned}$$

wobei $F(x) = -\frac{6}{\pi}\cos(\pi x)$ eine Stammfunktion von f ist.

e) I) Die 1. Ableitung der Funktionen f mit $f(x) = e^{k \cdot x}$; $x \in \mathbb{R}$ erhält man mit der Kettenregel:

$$f'(x) = e^{k \cdot x} \cdot k$$

Für $k > 0$ ist $f'(x) > 0$ und damit sind die Funktionen f streng monoton wachsend. Für $k < 0$ ist $f'(x) < 0$ und damit sind die Funktionen f streng monoton fallend. Somit ist die Aussage nur bedingt richtig.

II) Die Aussage «Eine Polynomfunktion 4. Grades, deren Graph symmetrisch zur y-Achse ist, hat auf der y-Achse eine Wendestelle» ist falsch. Wenn der Graph einer Polynomfunktion 4. Grades achsensymmetrisch zur y-Achse ist, hat die entsprechende Funktion die Form $f(x) = ax^4 + bx^2 + c$. Die Ableitungen sind:

$$\begin{aligned} f'(x) &= 4ax^3 + 2bx \\ f''(x) &= 12ax^2 + 2b \\ f'''(x) &= 24ax \end{aligned}$$

Wenn der Graph von f auf der y-Achse eine Wendestelle hätte, müsste gelten: $f''(0) = 0$.

Dies würde zu $12a \cdot 0^2 + 2b = 0 \Rightarrow b = 0$ führen, was nur bedingt gegeben ist (im Allgemeinen gilt $b \neq 0$).

Ferner müsste dann $f''(x) = 12ax^2 + 0$ noch bei $x = 0$ einen Vorzeichenwechsel haben.

Dies ist aber nicht der Fall, da der Term $12ax^2$ entweder immer positiv oder immer negativ ist (abhängig von a).

Als Gegenbeispiel zur Aussage hat beispielsweise der Graph der Funktion $f(x) = x^4$ auf der x-Achse keine Wendestelle, sondern einen Extrempunkt.

Analysis A 9

Vorbereitungszeit: 20 Minuten, erlaubte Hilfsmittel: Taschenrechner (WTR), Merkhilfe

Gegeben sind die beiden Funktionen f und g durch $f(x) = (x+a) \cdot e^{-x}$ und $g(x) = -(x+b) \cdot e^{-x}$. Die Graphen von f und g sind in der Abbildung dargestellt:

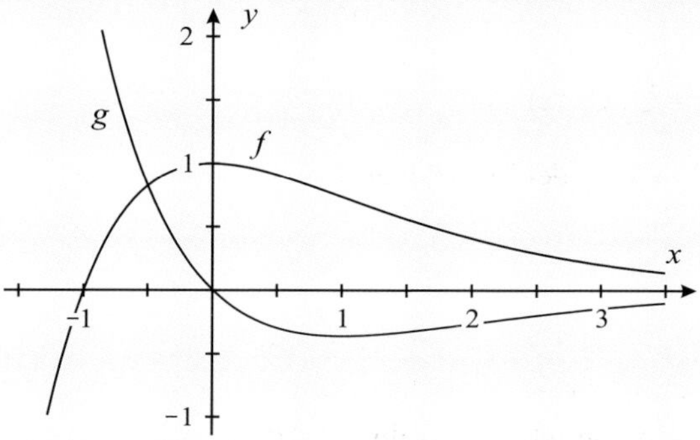

a) Bestimmen Sie mithilfe der Abbildung a und b.

b) Begründen Sie, ob folgende Aussagen wahr oder falsch sind:
(1) Der Graph der Stammfunktion von f hat bei $x = -1$ einen Wendepunkt.
(2) Der Graph der Stammfunktion von g hat im Ursprung einen Hochpunkt.

c) Der Graph von f schließt mit der x- und der y-Achse im 2. Quadranten eine Fläche ein. Der Graph von g teilt diese Fläche in zwei Teilflächen. Erläutern Sie, wie man die Inhalte der beiden Teilflächen bestimmen kann.

d) Es ist $p(x) = \cos(x)$ und es gilt: $\int_0^{\frac{\pi}{2}} \cos(x)\mathrm{d}x = 1$.
Bestimmen Sie, ohne Verwendung einer Stammfunktion, zwei Werte für a, sodass gilt:
$$\int_a^{\frac{\pi}{2}} \cos(x)\mathrm{d}x = 2$$
Erläutern Sie Ihre Vorgehensweise.

Tipps A 9

a) Um die gesuchten Parameter a und b zu bestimmen, betrachten Sie die Nullstellen der Graphen von f bzw. g.
Stellen Sie Gleichungen auf und lösen Sie diese.

b) Beachten Sie, dass der Graph einer Funktion F einen Wendepunkt hat, wenn der Graph der 1. Ableitung von F einen Extrempunkt hat.
Beachten Sie, dass der Graph einer Funktion G an einer Stelle x_0 einen Hochpunkt hat, wenn der Graph der 1. Ableitung von G an dieser Stelle einen Vorzeichenwechsel von $+$ nach $-$ hat.

c) Bestimmen Sie zuerst den Flächeninhalt der Fläche, die der Graph von f mit der x- und der y-Achse einschließt, mithilfe eines Integrals. Anschließend bestimmen Sie den Flächeninhalt der Fläche, die von den Graphen von f und g sowie der y-Achse begrenzt wird, ebenfalls mithilfe eines Integrals. Schließlich subtrahieren Sie zwei Flächeninhalte.

d) Skizzieren Sie den Graph der Funktion p im Intervall $[-3\pi, \pi]$.
Beachten Sie, dass der Wert des gegebenen Integrals dem Flächeninhalt der Fläche zwischen dem Graph der Funktion p und der x-Achse im Intervall $\left[0; \frac{\pi}{2}\right]$ entspricht.
Beachten Sie, dass der Graph von p symmetrisch zur y-Achse ist.
Beachten Sie, dass die Flächeninhalte oberhalb und unterhalb der x-Achse in einer Periode gleich groß, aber gegensätzlich orientiert sind, so dass die Integrale verschiedene Vorzeichen haben und sie sich gegenseitig aufheben.

Lösungen A 9

a) Um die Parameter a und b zu bestimmen, betrachtet man die Nullstellen der Graphen von f bzw. g. Wegen $f(-1)=0$ und $g(0)=0$ gilt:

$$(-1+a)\cdot e^{-(-1)}=0 \Rightarrow a=1 \text{ und } -(0+b)\cdot e^{-0}=0 \Rightarrow b=0$$

Alternativ kann man bei $f(x)$ auch den Schnittpunkt mit der y-Achse betrachten: Wegen $f(0)=1$ gilt:

$$(0+a)\cdot e^{-0}=1 \Rightarrow a=1$$

b) (1) Wenn der Graph der Stammfunktion F von f bei $x=-1$ einen Wendepunkt hätte, müsste der Graph der 1. Ableitung von F, also der Graph von f, einen Extrempunkt bei $x=-1$ haben. Da dies nicht der Fall ist, ist die Aussage falsch.

(2) Wenn der Graph der Stammfunktion G von g im Ursprung einen Hochpunkt hätte, müsste der Graph der 1. Ableitung von G, also der Graph von g, im Ursprung einen Vorzeichenwechsel von + nach − haben. Da dies der Fall ist, ist die Aussage richtig.

c) Um den Flächeninhalt der Fläche, die der Graph von f mit der x- und y-Achse einschließt, zu berechnen, wird das Integral $\int_{-1}^{0} f(x)\mathrm{d}x$ bestimmt. Anschließend wird die Schnittstelle x_s der Graphen von f und g bestimmt. Dazu werden die Funktionsgleichungen gleichgesetzt und die entsprechende Gleichung nach x aufgelöst. Um den Flächeninhalt der rechten Teilfläche zu bestimmen, berechnet man

$$\int_{x_s}^{0} (f(x)-g(x))\,\mathrm{d}x$$

da der Graph von f oberhalb des Graphen von g verläuft. Der Flächeninhalt der linken Teilfläche kann bestimmt werden, indem man den Flächeninhalt der rechten Teilfläche von der zuerst berechneten Gesamtfläche subtrahiert.

d) Es gilt: $\int_{0}^{\frac{\pi}{2}} \cos(x)\mathrm{d}x=1.$
Zur Veranschaulichung erstellt man eine Skizze der Funktion p mit $p(x)=\cos(x)$; $x\in\mathbb{R}$:

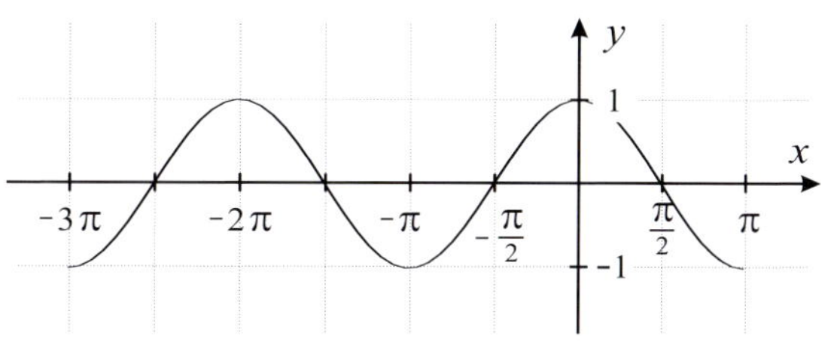

Um einen Wert von a zu bestimmen, so dass

$$\int_{a}^{\frac{\pi}{2}} \cos(x)\mathrm{d}x=2$$

kann man sich Folgendes überlegen: Der Wert des Integrals

$$\int_0^{\frac{\pi}{2}} \cos(x)\mathrm{d}x = 1$$

entspricht dem Flächeninhalt der Fläche zwischen dem Graphen der Funktion p und der x-Achse im Intervall $\left[0; \frac{\pi}{2}\right]$.
Da der Graph von p symmetrisch zur y-Achse ist, hat auch der Inhalt der Fläche zwischen dem Graph der Funktion p und der x-Achse im Intervall $\left[-\frac{\pi}{2}; 0\right]$ den Wert 1.

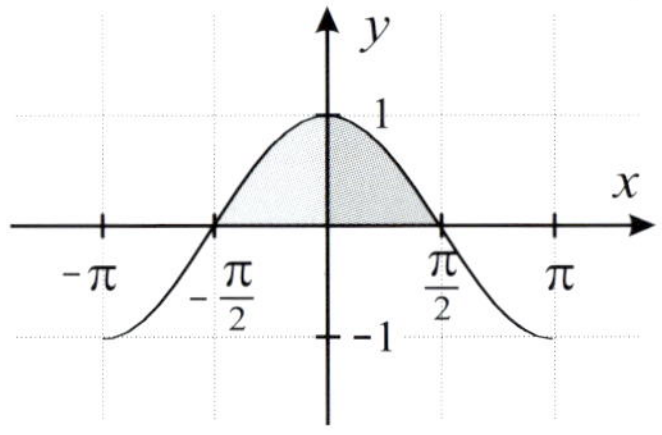

Damit gilt:

$$\int_{-\frac{\pi}{2}}^{\frac{\pi}{2}} \cos(x)\mathrm{d}x = 2$$

Zusätzlich kann man sich noch Folgendes überlegen: Da die Flächeninhalte oberhalb und unterhalb der x-Achse in einer Periode gleich groß, aber gegensätzlich orientiert sind, heben sie sich gegenseitig auf.
Damit gilt auch:

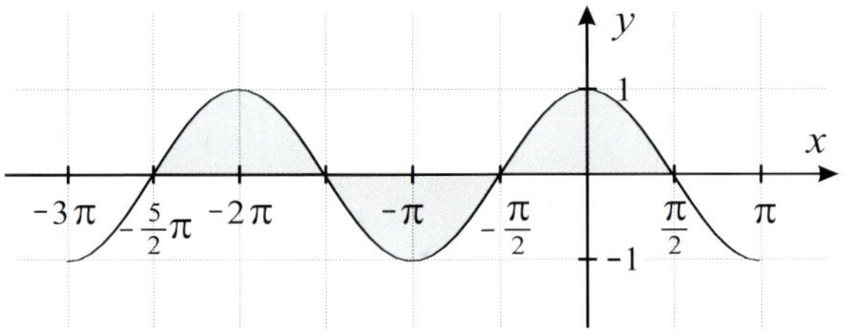

$$\int_{-\frac{5}{2}\pi}^{\frac{\pi}{2}} \cos(x)\mathrm{d}x = 2$$

Somit ergeben sich $a_1 = -\frac{\pi}{2}$ und $a_2 = -\frac{5}{2}\pi$ als mögliche Werte von a.

Analysis A 10

Vorbereitungszeit: 20 Minuten, erlaubte Hilfsmittel: Taschenrechner (WTR)

Die Abbildung zeigt den Graphen einer Funktion f, welcher zusammen mit der x-Achse die Umrisslinie einer Kunststoffplatte beschreibt (alle Maße in cm). Die Platte hat eine Dicke von 2 cm.
Die Funktion f hat die Gleichung $f(x) = -x^4 + 8x^2 + 30$

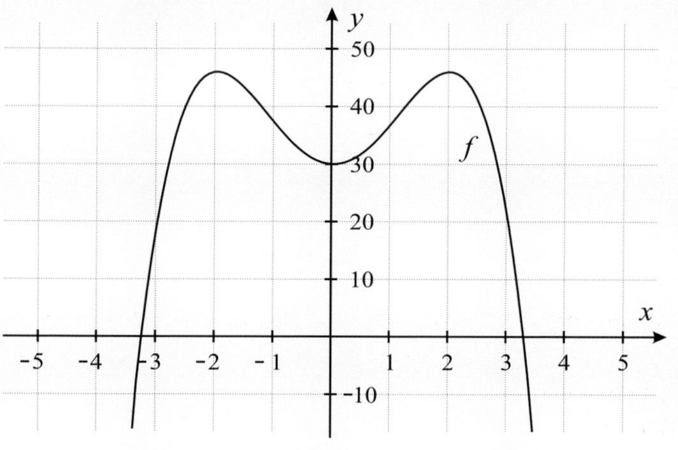

a) Begründen Sie, dass der Graph von f symmetrisch ist.

b) Berechnen Sie $f(2)$, $f'(2)$ und $f''(2)$.
Interpretieren Sie die Bedeutung der Ergebnisse im Sachzusammenhang.

c) Erläutern Sie, wie man die Breite der Kunststoffplatte an ihrer unteren Kante ermitteln kann.

d) Beschreiben Sie, wie man das Volumen der Kunststoffplatte bestimmen kann.

e) Erläutern Sie, für welche Werte von a die Gleichung $f(x) = a$ mehr als zwei Lösungen besitzt.

Tipps A 10

a) Beachten Sie, dass es sich bei f um eine ganzrationale Funktion handelt, bei der nur gerade Exponenten vorkommen. Alternativ können Sie auch $-x$ in $f(x)$ einsetzen. Falls $f(-x) = f(x)$, ist der Graph von f achsensymmetrisch zur y-Achse, falls $f(-x) = -f(x)$, ist der Graph von f punktsymmetrisch zum Ursprung.

b) Bestimmen Sie die 1. und 2. Ableitung von f und setzen Sie $x = 2$ in $f(x)$, $f'(x)$ und $f''(x)$ ein. Überlegen Sie, welcher Punkt des Graphen von f damit berechnet werden kann und welche Bedeutung dieser für die Kunststoffplatte hat.

c) Die Breite der Kunststoffplatte an ihrer unteren Kante erhalten Sie, indem Sie die Gleichung $f(x) = 0$ nach x auflösen. Überlegen Sie, mit welcher Methode dies geht. Bestimmen Sie näherungsweise die Lösungen anhand der gegebenen Abbildung. Die Breite b der Kunststoffplatte erhalten Sie, indem Sie die Differenz der beiden Nullstellen bilden.

d) Das Volumen V der Kunststoffplatte erhalten Sie, indem Sie die Querschnittsfläche A der Kunststoffplatte mit der Dicke d multiplizieren. Die Querschnittsfläche A erhalten Sie mithilfe eines Integrals und des Hauptsatzes der Differential- und Integralrechnung. Bestimmen Sie eine Stammfunktion F von f.

e) Überlegen Sie anhand der Abbildung, wie viele Schnittpunkte eine Parallele zur x-Achse mit der Gleichung $y = a$ mit dem Graphen von f haben kann. Bestimmen Sie die Koordinaten des Tiefpunkts, indem Sie $x = 0$ in $f(x)$ einsetzen.

Lösungen A 10

a) Der Graph von f ist achsensymmetrisch zur y-Achse, da es sich bei f um eine ganzrationale Funktion handelt, bei deren Funktionsterm nur gerade Exponenten vorkommen. Alternativ kann man auch $-x$ in $f(x)$ einsetzen:

$$f(-x) = -(-x)^4 + 8 \cdot (-x)^2 + 30 = -x^4 + 8x^2 + 30 = f(x)$$

Wegen $f(-x) = f(x)$ ist der Graph von f achsensymmetrisch zur y-Achse.

b) Zuerst bestimmt man die 1. und 2. Ableitung von f:

$$f'(x) = -4x^3 + 16x$$
$$f''(x) = -12x^2 + 16$$

Setzt man $x = 2$ in $f(x)$, $f'(x)$ und $f''(x)$ ein, ergibt sich:

$$f(2) = -2^4 + 8 \cdot 2^2 + 30 = 46$$
$$f'(2) = -4 \cdot 2^3 + 16 \cdot 2 = 0$$
$$f''(2) = -12 \cdot 2^2 + 16 = -32$$

Wegen $f'(2) = 0$ und $f''(2) < 0$ hat der Graph von f bei $x = 2$ einen Hochpunkt mit den Koordinaten $\mathrm{H}(2 \mid 46)$.
Somit hat die Kunststoffplatte eine maximale Höhe von 46 cm.

c) Die Breite der Kunststoffplatte an ihrer unteren Kante erhält man, indem man die Schnittstellen des Graphen von f mit der x-Achse bestimmt, d.h. die Nullstellen von f. Dazu löst man die Gleichung $f(x) = 0$ nach x auf. Die Gleichung

$$-x^4 + 8x^2 + 30 = 0$$

löst man, indem man $x^2 = z$ substituiert und anschließend die Gleichung

$$-z^2 + 8z + 30 = 0$$

mithilfe der abc-Formel nach z auflöst: $z_1 \approx -2,78$ und $z_2 \approx 10,78$. Nur die Resubstitution $x^2 = 10,78$ führt auf die zwei Lösungen $x_1 \approx -3,3$ und $x_2 \approx 3,3$ (siehe Abbildung). Die Breite b der Kunststoffplatte erhält man, indem man die Differenz der beiden Nullstellen bildet:

$$b = x_2 - x_1 \approx 3,3 - (-3,3) = 6,6$$

Die Breite der Kunststoffplatte beträgt etwa 6,6 cm.

d) Das Volumen V der Kunststoffplatte erhält man, indem man die Querschnittsfläche A der Kunststoffplatte mit der Dicke $d = 2\,\text{cm}$ multipliziert:

$$\mathrm{V} = \mathrm{A} \cdot d$$

Die Querschnittsfläche A erhält man mithilfe eines Integrals. Die Integrationsgrenzen sind die beiden Nullstellen x_1 und x_2 von f. Mithilfe des Hauptsatzes der Differential- und Integralrechnung ergibt sich:

$$\mathrm{A} = \int_{x_1}^{x_2} f(x)\mathrm{d}x = \mathrm{F}(x_2) - \mathrm{F}(x_1)$$

wobei $\mathrm{F}(x) = -\frac{1}{5}x^5 + \frac{8}{3}x^3 + 30x$ eine Stammfunktion von f ist.

e) Anhand der Abbildung kann man erkennen, dass eine Parallele zur x-Achse mit der Gleichung $y = a$ ab dem Tiefpunkt bis zu den beiden Hochpunkten des Graphen von f mit dem Graphen von f mindestens drei Schnittpunkte hat. Unterhalb des Tiefpunkts gibt es nur zwei Schnittpunkte, oberhalb der Hochpunkte keinen. Die Koordinaten des Tiefpunkts erhält man, indem man $x = 0$ in $f(x)$ einsetzt:

$$f(0) = -0^4 + 8 \cdot 0^2 + 30 = 30$$

Der Tiefpunkt hat somit die Koordinaten $\mathrm{T}(0 \mid 30)$, die Hochpunkte haben die Koordinaten $\mathrm{H}_1(-2 \mid 46)$ und $\mathrm{H}_2(2 \mid 46)$.
Somit besitzt für $30 \leqslant a < 46$ die Gleichung $f(x) = a$ mehr als zwei Lösungen.

Analysis A 11

Vorbereitungszeit: 20 Minuten, erlaubte Hilfsmittel: Taschenrechner (WTR)

Die Abbildung zeigt den Graphen einer Funktion f.

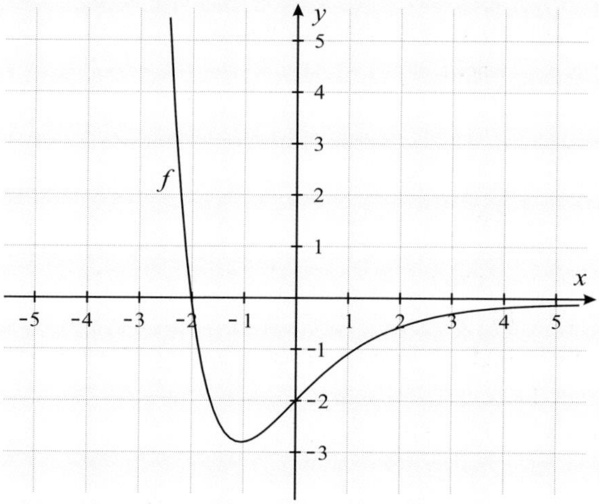

a) Bestimmen Sie anhand der Abbildung $f(0)$ und $f'(0)$.

b) Ermitteln Sie näherungsweise $\int_{-2}^{0} f(x)\mathrm{d}x$.

c) F ist eine Stammfunktion von f. Entscheiden Sie, ob folgende Aussagen wahr oder falsch sind. Begründen Sie jeweils Ihre Antwort:

(1) Der Graph von F hat für $-2{,}5 \leqslant x \leqslant 5$ einen Tiefpunkt.

(2) Für $-1 < x < 5$ ist F monoton fallend.

d) Erläutern Sie folgende Gleichung:

$$f(x+1) = f(x) + 1$$

und beschreiben Sie, wie man mithilfe der Abbildung eine Lösung dieser Gleichung ermitteln kann.

e) Bestimmen Sie die Gleichung einer trigonometrischen Funktion g, deren Graph den Hochpunkt $\mathrm{H}(1 \mid 5)$ und den Tiefpunkt $\mathrm{T}(3 \mid 1)$ hat.

Tipps A 11

a) Bestimmen Sie für $x = 0$ den zugehörigen y-Wert.
Den Wert von $f'(0)$ erhalten Sie, indem Sie an der Stelle $x = 0$ eine Tangente an den Graphen von f zeichnen und die Steigung näherungsweise bestimmen.

b) Beachten Sie, dass der Betrag des Integrals dem Flächeninhalt A der Fläche zwischen dem Graphen von f und der x-Achse in einem bestimmten Intervall entspricht. Bestimmen Sie diesen näherungsweise durch Abzählen der Kästchen. Beachten Sie, dass der Graph von f unterhalb der x-Achse verläuft, und überlegen Sie, ob der Wert des Integrals positiv oder negativ ist.

c) (1) Überlegen Sie, ob der Graph von f für $-2,5 \leqslant x \leqslant 5$ eine Nullstelle mit Vorzeichenwechsel von $-$ nach $+$ hat.

(2) F ist monoton fallend, falls $F'(x) < 0$ ist. Beachten Sie, dass $F'(x) = f(x)$ ist und überlegen Sie, ob der Graph von f für $-1 < x < 5$ unterhalb oder oberhalb der x-Achse verläuft.

d) Überlegen Sie, wie sich der y-Wert ändert, wenn sich der x-Wert ändert.

e) Verwenden Sie als Ansatz einer trigonometrischen Funktion g beispielsweise die Funktion $g(x) = a \cdot \sin(b \cdot (x - c)) + d$ und bestimmen Sie a, b, c und d. Überlegen Sie, welche Amplitude a, welche Mittellinie $y = d$ und welche Periode p die Funktion g haben kann. Verwenden Sie zusätzlich $p = \frac{2\pi}{b}$.

Lösungen A 11

a) Anhand der Abbildung kann man $f(0)$ direkt als y-Wert für $x=0$ ablesen: $f(0)=-2$.
Den Wert von $f'(0)$ erhält man, indem man an der Stelle $x=0$ eine Tangente an den Graphen von f zeichnet und die Steigung näherungsweise bestimmt:

$$f'(0)\approx 1$$

b) Der Betrag des Integrals $\int_{-2}^{0} f(x)\mathrm{d}x$ entspricht dem Flächeninhalt A der Fläche zwischen dem Graphen von f und der x-Achse im Intervall $[-2;0]$.
Durch Abzählen der Kästchen erhält man näherungsweise $\mathrm{A}\approx 4,5$.
Da der Graph von f unterhalb der x-Achse verläuft, gilt:

$$\int_{-2}^{0} f(x)\mathrm{d}x\approx -4,5$$

c) (1) Die Aussage ist falsch, da der Graph von f für $-2,5\leqslant x\leqslant 5$ keine Nullstelle mit Vorzeichenwechsel von $-$ nach $+$ hat.
Bei $x=-2$ hat der Graph von f eine Nullstelle mit Vorzeichenwechsel von $+$ nach $-$, also hat der Graph von F bei $x=-2$ einen Hochpunkt.

(2) Die Aussage ist wahr, da der Graph von f für $-1<x<5$ unterhalb der x-Achse verläuft.
Damit gilt:

$$\mathrm{F}'(x)=f(x)<0$$

also ist F monoton fallend.

d) Die Gleichung

$$f(x+1)=f(x)+1$$

bedeutet, dass bei einem bestimmten x-Wert der y-Wert von f um 1 zunimmt, wenn der x-Wert ebenfalls um 1 zunimmt, d.h. es sind zwei Punkte des Graphen von f so zu bestimmen, dass die Steigung der beiden Punkte 1 beträgt, wenn sich ihre x-Werte um 1 unterscheiden. Der x-Wert des linken Punktes ist dann die Lösung der gegebenen Gleichung.

e) Als Ansatz einer trigonometrischen Funktion g kann man beispielsweise

$$g(x)=a\cdot\sin(b\cdot(x-c))+d$$

verwenden.

Da der Graph von g den Hochpunkt $\mathrm{H}(1 \mid 5)$ und den Tiefpunkt $\mathrm{T}(3 \mid 1)$ hat, beträgt die Amplitude

$$a = \frac{5-1}{2} = 2$$

Für die Periode p gilt beispielsweise: $p = 2 \cdot (3-1) = 4$. Damit ergibt sich:

$$b = \frac{2\pi}{p} = \frac{2\pi}{4} = \frac{\pi}{2}$$

Die Mittellinie liegt bei $y = \frac{5+1}{2} = 3$, also gilt: $d = 3$.
Um c zu bestimmen, ist es hilfreich, den Graphen von g zu skizzieren:

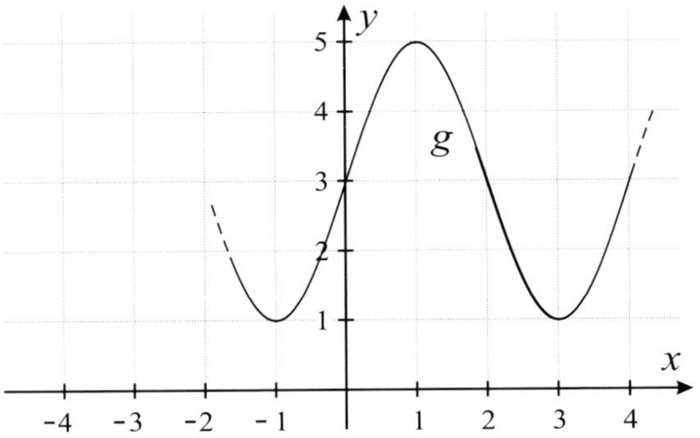

Da der Graph von g bezüglich der Sinusfunktion $\sin(x)$ nicht in x-Richtung verschoben ist, gilt: $c = 0$.
Somit erhält man:

$$g(x) = 2 \cdot \sin\left(\frac{\pi}{2} \cdot x\right) + 3$$

Analysis A 12

Vorbereitungszeit: 20 Minuten, erlaubte Hilfsmittel: Taschenrechner (WTR), Merkhilfe

Ein Segelboot gleitet mit der konstanten Geschwindigkeit 160 $\frac{\text{m}}{\text{min}}$ an einem ruhenden Motorboot vorbei. Das Motorboot nimmt zu diesem Zeitpunkt Fahrt auf und fährt dem Segelboot hinterher.
Die Geschwindigkeit $v(t)$ des Motorbootes ist für $t > 0$ stets positiv und wird durch

$$v(t) = 960 \cdot e^{-t} - 960 \cdot e^{-2t}\ ;\ t \geqslant 0$$

beschrieben (Zeit t in min seit der Vorbeifahrt, Geschwindigkeit $v(t)$ in $\frac{\text{m}}{\text{min}}$).
Die Abbildung zeigt den Graphen von v:

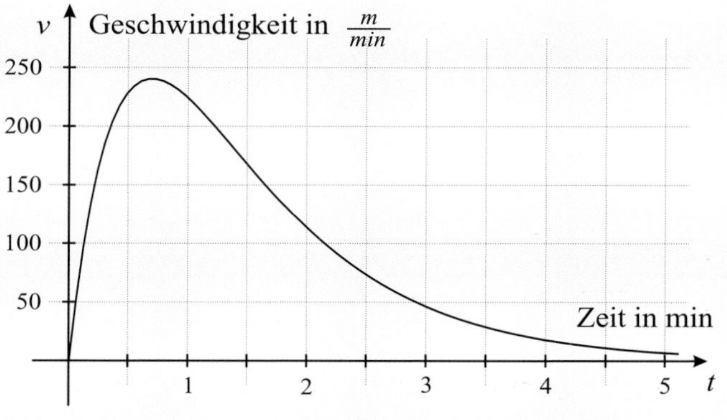

a) Prüfen Sie, ob die Geschwindigkeit des Motorbootes nach einer Minute größer als 15 $\frac{\text{km}}{\text{h}}$ ist.

b) Berechnen Sie, wie weit das Motorboot nach zwei Minuten gefahren ist.

c) Ab dem Zeitpunkt $t_0 = 2{,}55$ wird die Geschwindigkeit des Motorbootes durch die Tangente an das Schaubild der Funktion v an der Stelle t_0 beschrieben.
Erläutern Sie, wie man den Zeitpunkt t_1 berechnen kann, zu dem das Motorboot zum Stillstand kommt.

d) Beschreiben Sie, wie man den Zeitpunkt t_2 berechnen kann, an dem das Motorboot das Segelboot überholt.
Erläutern Sie, wie man diesen Zeitpunkt mithilfe der Abbildung bestimmen kann.

Tipps A 12

a) Setzen Sie $t = 1$ in $v(t)$ ein. Beachten Sie, dass das Ergebnis die Einheit $\frac{\text{m}}{\text{min}}$ hat und rechnen Sie das erhaltene Ergebnis in $\frac{\text{km}}{\text{h}}$ um.

b) Die Strecke s, die das Motorboot in den ersten zwei Minuten zurücklegt, erhalten Sie mithilfe eines Integrals: $s = \int_{t_1}^{t_2} v(t)\,\mathrm{d}t$.

c) Beachten Sie, dass Sie den Zeitpunkt t_1 erhalten, indem Sie die Gleichung der Tangente aufstellen und die Tangente mit der $t-$Achse schneiden.

d) Überlegen Sie, wie man die Wegstrecken berechnen kann, wenn die Gleichungen der Geschwindigkeit gegeben sind und welchen Flächen die Wegstrecken entsprechen.

Lösungen A 12

Es ist $v(t) = 960 \cdot e^{-t} - 960 \cdot e^{-2t}$; $t \geqslant 0$ (Zeit t in min, Geschwindigkeit $v(t)$ in $\frac{\text{m}}{\text{min}}$).

a) Die Geschwindigkeit des Motorbootes nach einer Minute erhält man, indem man $t = 1$ in $v(t)$ einsetzt:

$$v(1) = 960 \cdot e^{-1} - 960 \cdot e^{-2\cdot 1} \approx 223$$

Die Geschwindigkeit des Motorboots nach einer Minute beträgt etwa 223 $\frac{\text{m}}{\text{min}}$.
Um die Geschwindigkeit in $\frac{\text{km}}{\text{h}}$ anzugeben, erweitert man den Bruch mit 60:

$$v(1) = 223\,\frac{\text{m}}{\text{min}} = 223 \cdot \frac{60\,\text{m}}{60\,\text{min}} = \frac{13\,380\,\text{m}}{\text{h}} = 13{,}38\,\frac{\text{km}}{\text{h}}$$

Somit ist die Geschwindigkeit des Motorboots nach einer Minute kleiner als 15 $\frac{\text{km}}{\text{h}}$.

b) Die Strecke s, die das Motorboot in den ersten zwei Minuten zurücklegt, erhält man mithilfe eines Integrals:

$$\begin{aligned} s &= \int_0^2 v(t)\,\mathrm{d}t \\ &= \int_0^2 \left(960 \cdot e^{-t} - 960 \cdot e^{-2t}\right) \mathrm{d}t \\ &= \left[\frac{960}{-1} \cdot e^{-t} - \frac{960}{-2} \cdot e^{-2t}\right]_0^2 \\ &= \left(-960 \cdot e^{-2} + 480 \cdot e^{-2\cdot 2}\right) - \left(-960 \cdot e^{-0} + 480 \cdot e^{-2\cdot 0}\right) \\ &\approx 358{,}9 \end{aligned}$$

Das Motorboot ist in den ersten zwei Minuten etwa 359 m weit gefahren.

c) Zur Bestimmung der Gleichung der Tangente benötigt man den Funktionswert zum Zeitpunkt $t_0 = 2{,}55$, also $v(2{,}55)$ sowie die zugehörige Steigung, die man mit der 1. Ableitung von v ermitteln kann. Für diese gilt: $v'(2{,}55)$.
Diese Werte setzt man in die allgemeine Tangentengleichung ein und es ergibt sich:

$$y = v'(2{,}55) \cdot (t - 2{,}55) + v(2{,}55)$$

Das Motorboot kommt zum Stillstand, wenn die neue Geschwindigkeit, die durch die Tangentengleichung beschrieben wird, Null ist. Also löst man die Gleichung $y = 0$ nach t auf.

d) Die Funktion $v(t) = 960 \cdot e^{-t} - 960 \cdot e^{-2t}$ beschreibt die Geschwindigkeit des Motorboots, die Gerade $y = 160$ beschreibt die Geschwindigkeit des Segelboots. So ergibt sich für die entsprechenden Wege:

$$s_1(t) = \int_0^t v(t)\mathrm{d}t$$

und

$$s_2(t) = 160 \cdot t$$

Das Motorboot überholt das Segelboot zu dem Zeitpunkt, an dem beide den gleichen Weg zurückgelegt haben. Durch Gleichsetzen ergibt sich:

$$\int_0^t v(t)\mathrm{d}t = 160 \cdot t$$

Die kleinere der beiden Lösungen dieser Gleichung ist der Zeitpunkt t_2, an dem das Motorboot das Segelboot überholt.
Man könnte diesen Zeitpunkt mithilfe der Skizze so bestimmen, dass man die Flächen zwischen den beiden Kurven und der t-Achse bestimmt. Wenn diese beiden Flächen gleich groß sind, überholt das Motorboot das Segelboot. (Dies ist nach 0,6 Minuten der Fall)

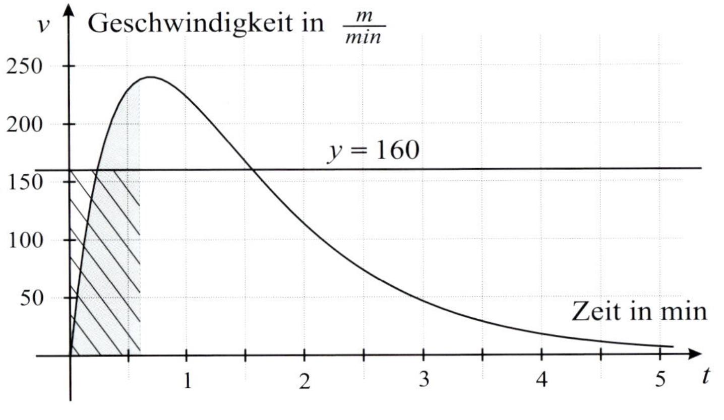

Analysis A 13

Vorbereitungszeit: 20 Minuten, erlaubte Hilfsmittel: Taschenrechner (WTR), Merkhilfe

In einem Labor wird erforscht, wie sich Bakterien entwickeln. Betrachtet wird der Flächeninhalt der von den Bakterien eingenommenen Fläche. Bei ungehinderter Vermehrung wird der Flächeninhalt während der ersten zwölf Stunden beschrieben durch die Funktion f mit

$f(t) = 20 \cdot e^{0,1 \cdot t}$ (t in Stunden nach Beobachtungsbeginn, $f(t)$ in mm^2).

a) Bestimmen Sie den Flächeninhalt drei Stunden nach Beobachtungsbeginn.

b) Berechnen Sie den Zeitpunkt, zu dem sich der Flächeninhalt im Vergleich zum Beobachtungsbeginn verdreifacht hat.

c) Erläutern Sie, wie man die momentane Änderungsrate des Flächeninhalts zwei Stunden nach Beobachtungsbeginn bestimmen kann.

d) Erläutern Sie im Sachzusammenhang, was durch folgende Gleichung berechnet wird:

$$f(t+2) = 2 \cdot f(t)$$

e) Beurteilen Sie folgende Aussage: «Jede ganzrationale Funktion 4. Grades hat eine Extremstelle».

Tipps A 13

a) Den Flächeninhalt drei Stunden nach Beobachtungsbeginn erhalten Sie, indem Sie $t = 3$ in $f(t)$ einsetzen.

b) Den Zeitpunkt, zu dem sich der Flächeninhalt im Vergleich zum Beobachtungsbeginn ($t = 0$) verdreifacht hat, erhalten Sie, indem Sie die Gleichung $f(t) = 3 \cdot f(0)$ durch Logarithmieren nach t auflösen.

c) Die momentane Änderungsrate des Flächeninhalts zwei Stunden nach Beobachtungsbeginn erhalten Sie, indem Sie $t = 2$ in $f'(t)$ einsetzen. Die 1. Ableitung von f bestimmen Sie mit der Kettenregel.

d) Beachten Sie, dass $f(t)$ dem Flächeninhalt der von den Bakterien eingenommenen Fläche zum Zeitpunkt t entspricht und überlegen Sie, welche Bedeutung $f(t+2)$ hat.

e) Zur Beurteilung der Aussage beachten Sie, dass die zugehörige 1. Ableitung eine ganzrationale Funktion dritten Grades ist. Überlegen Sie, ob diese mindestens eine Nullstelle mit Vorzeichenwechsel besitzt. Alternativ können Sie auch das Verhalten der Funktionswerte für $x \to \pm\infty$ betrachten.

Lösungen A 13

Es ist $f(t) = 20 \cdot e^{0,1 \cdot t}$ (t in Stunden nach Beobachtungsbeginn, $f(t)$ in mm^2).

a) Den Flächeninhalt drei Stunden nach Beobachtungsbeginn erhält man, indem man $t = 3$ in $f(t)$ einsetzt:

$$f(3) = 20 \cdot e^{0,1 \cdot 3} \approx 27,00$$

Drei Stunden nach Beobachtungsbeginn beträgt der Flächeninhalt etwa 27 mm^2.

b) Den Zeitpunkt, zu dem sich der Flächeninhalt im Vergleich zum Beobachtungsbeginn ($t = 0$) verdreifacht hat, erhält man, indem man die Gleichung $f(t) = 3 \cdot f(0)$ durch Logarithmieren nach t auflöst:

$$\begin{aligned} 20 \cdot e^{0,1 \cdot t} &= 3 \cdot 20 \cdot e^{0,1 \cdot 0} \\ 20 \cdot e^{0,1 \cdot t} &= 60 \\ e^{0,1 \cdot t} &= 3 \\ 0,1 \cdot t &= \ln(3) \\ t &= \frac{\ln(3)}{0,1} \approx 10,99 \end{aligned}$$

Somit hat sich der Flächeninhalt etwa 11 Stunden nach Beobachtungsbeginn verdreifacht.

c) Die momentane Änderungsrate des Flächeninhalts zwei Stunden nach Beobachtungsbeginn erhält man, indem man $t = 2$ in $f'(t)$ einsetzt. Die 1. Ableitung von f erhält man mit der Kettenregel:

$$f'(t) = 20 \cdot e^{0,1 \cdot t} \cdot 0,1 = 2 \cdot e^{0,1 \cdot t}$$

Damit ergibt sich:

$$f'(2) = 2 \cdot e^{0,1 \cdot 2} \approx 2,44$$

Somit beträgt die momentane Änderungsrate des Flächeninhalts zwei Stunden nach Beobachtungsbeginn etwa 2,44 mm^2 pro Stunde.

d) $f(t)$ entspricht dem Flächeninhalt der Fläche zum Zeitpunkt t, dementsprechend entspricht $f(t+2)$ dem Flächeninhalt 2 Stunden später. Mithilfe der Gleichung

$$f(t+2) = 2 \cdot f(t)$$

wird somit der Beginn eines 2-Stunden-Zeitraums $[t\,;t+2]$ bestimmt, in welchem sich der Flächeninhalt der von den Bakterien eingenommenen Fläche verdoppelt.

e) Die Aussage «Jede ganzrationale Funktion vierten Grades hat eine Extremstelle» ist wahr, da die 1. Ableitung eine ganzrationale Funktion dritten Grades ist, welche mindestens eine Nullstelle mit Vorzeichenwechsel besitzt. Somit hat eine ganzrationale Funktion vierten Grades mindestens eine Extremstelle. Alternativ kann man sich auch überlegen, dass die Funktionswerte für $x \to \pm\infty$ entweder gegen $+\infty$ oder gegen $-\infty$ gehen, so dass eine Extremstelle vorliegen muss.

Analysis A 14

Vorbereitungszeit: 20 Minuten, erlaubte Hilfsmittel: Taschenrechner (WTR), Merkhilfe

Durch die Funktion f mit $f(t) = 0{,}02t^2 \cdot e^{-0{,}1 \cdot t}$ wird das Wachstum einer Fichte in Abhängigkeit von der Zeit t (gemessen in Jahren) beschrieben. Dabei gibt $f(t)$ nicht die Höhe, sondern die Wachstumsgeschwindigkeit in Metern pro Jahr (zum Zeitpunkt t) an. Der Graph von f ist durch folgende Abbildung gegeben:

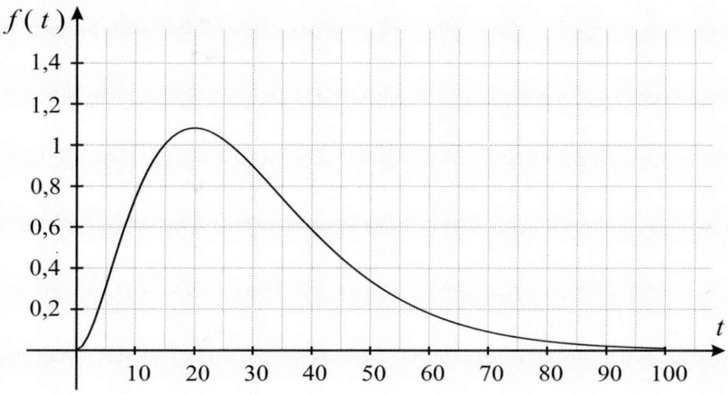

Zum Zeitpunkt $t = 0$ hat eine frisch eingepflanzte Fichte eine Höhe von ca. 20 cm.

a) Berechnen Sie den Funktionswert von f an der Stelle $t = 30$ und interpretieren Sie das Ergebnis im Sachzusammenhang.

b) Beschreiben Sie anhand des Graphen von f, wie sich die Fichte im Laufe der Jahre entwickelt.

c) Begründen Sie anhand des Graphen von f, dass die Fichte nach 20 Jahren weniger als 20 Meter hoch ist.

d) Zeigen Sie, dass durch $F(t) = -0{,}2 \cdot \left(t^2 + 20t + 200\right) \cdot e^{-0{,}1 \cdot t}$ eine Stammfunktion von f gegeben ist.
Geben Sie einen Rechenausdruck an, mit dem man die zu erwartende Höhe der Fichte nach 80 Jahren berechnen kann.

e) Formulieren Sie eine Fragestellung im Sachzusammenhang, die auf die Gleichung $F(t + 10) = F(t) + 5$ führt.
Beschreiben Sie, wie man mithilfe der Abbildung eine Lösung dieser Gleichung ermitteln kann.

Tipps A 14

a) Zur Berechung des gesuchten Funktionswerts setzen Sie $t = 30$ in $f(t)$ ein. Beachten Sie bei der Interpretation, dass $f(t)$ die momentane Wachstumsgeschwindigkeit in Abhängigkeit von der Zeit beschreibt.

b) Erwähnen Sie bei der Beschreibung des Graphen und der Entwicklung der Fichte, in welchen Bereichen f steigt bzw. fällt, in welchen Größenordnungen sich die Funktionswerte bewegen sowie das Verhalten für große t-Werte und was dies für die Fichte bedeutet.

c) Beachten Sie, dass dem Höhenzuwachs der Fichte der Flächeninhalt zwischen dem Graphen und der t-Achse entspricht. Ein Kästchen hat eine Breite von 5 Jahren und eine Höhe von $0,2\,\frac{\text{m}}{\text{Jahr}}$. Damit gilt für ein Kästchen: $5\,\text{Jahre} \cdot 0,2\,\frac{\text{m}}{\text{Jahr}} = 1\,\text{m}$. Zählen Sie die Kästchen im betreffenden Bereich.

d) Leiten Sie die Funktion $\mathrm{F}(t)$ mithilfe der Produkt- und Kettenregel ab und zeigen Sie, dass $\mathrm{F}'(t) = f(t)$ ist. Die zu erwartende Höhe der Fichte nach 80 Jahren berechnen Sie mithilfe eines Integrals unter Berücksichtigung der Anfangshöhe der Fichte.

e) Überlegen Sie, welche Bedeutung $\mathrm{F}(t+10)$ und $\mathrm{F}(t)+5$ sowie deren Differenz hat. Beachten Sie, dass eine Fläche zwischen dem Graphen von f und der t-Achse in einem bestimmten Intervall zu ermitteln ist.

Lösungen A 14

a) Setzt man $t = 30$ in $f(t) = 0,02t^2 \cdot e^{-0,1 \cdot t}$ ein, erhält man:

$$f(30) = 0,02 \cdot 30^2 \cdot e^{-0,1 \cdot 30} \approx 0,896$$

Da die Funktion f die (momentane) Wachstumsgeschwindigkeit der Fichte in Abhängigkeit von der Zeit t (gemessen in Jahren) beschreibt, gibt $f(30)$ die Geschwindigkeit des Wachstums der Fichte 30 Jahre nach der Pflanzung an. Sie beträgt zu diesem Zeitpunkt also etwa $0,9$ Meter pro Jahr.

b) Die Funktionswerte des Graphen von f steigen von $t = 0$ bis $t \approx 20$ monoton, d.h. die Wachstumsgeschwindigkeit der Fichte nimmt im Laufe der ersten 20 Jahre zu, bis sie ihren größten Wert (ca. 1,1 Meter pro Jahr) erreicht. Für $t > 20$ werden die Funktionswerte wieder kleiner und gehen schließlich gegen Null, d.h. ab dem 20. Jahr wächst die Fichte wieder langsamer, bis sie schließlich kaum noch wächst.

c) Dem Höhenzuwachs der Fichte entspricht der Flächeninhalt zwischen dem Graphen und der t-Achse. Ein Kästchen hat eine Breite von 5 Jahren und eine Höhe von $0,2\,\frac{\text{m}}{\text{Jahr}}$. Damit gilt: $5\,\text{Jahre} \cdot 0,2\,\frac{\text{m}}{\text{Jahr}} = 1\text{m}$. Einem Kästchen entspricht also genau 1 Meter Höhenzuwachs. Wenn man nun die Kästchen im Intervall zwischen $t = 0$ und $t = 20$ abzählt, erhält man insgesamt etwa 13 Kästchen, was einem Höhenzuwachs von 13 Metern entspricht. Da die Fichte zu Beginn eine Höhe von $0,2\,\text{m}$ hat, ist die Fichte nach 20 Jahren weniger als 20 Meter hoch.

d) Die Funktion $\text{F}(t)$ ist eine Stammfunktion von $f(t)$, wenn gilt: $\text{F}'(t) = f(t)$. Die 1. Ableitung von F bestimmt man mit Hilfe der Produkt- und Kettenregel:

$$\begin{aligned}
\text{F}'(t) &= -0,2 \cdot \left((2t+20) \cdot e^{-0,1t} + (t^2+20t+200) \cdot e^{-0,1t} \cdot (-0,1)\right) \\
&= -0,2 \cdot \left((2t+20-0,1t^2-2t-20) \cdot e^{-0,1t}\right) \\
&= -0,2 \cdot \left((-0,1t^2) \cdot e^{-0,1t}\right) = 0,02t^2 \cdot e^{-0,1t} \\
&= f(t)
\end{aligned}$$

Wegen $\text{F}'(t) = f(t)$ ist F eine Stammfunktion von f.

Die zu erwartende Höhe h der Fichte nach 80 Jahren berechnet man mithilfe des Integrals von $f(t)$ über dem Intervall $[0;80]$, unter Berücksichtigung ihrer Anfangshöhe:

$$\begin{aligned}
h &= 0,2 + \int_0^{80} f(t)dt \\
&= 0,2 + \text{F}(80) - \text{F}(20)
\end{aligned}$$

e) Die Frage: «In welchem 10-Jahres-Zeitraum nimmt die Höhe der Fichte um 5 Meter zu?» führt auf die Gleichung $F(t+10) = F(t) + 5$ bzw. $F(t+10) - F(t) = 5$. Dabei ist t der Zeitpunkt des Beginns des 10-Jahres-Zeitraums.
Anhand der Abbildung ist eine Fläche (senkrechter Streifen) mit Breite 10 zwischen dem Graphen von f und der t-Achse gesucht, deren Flächeninhalt 5 FE beträgt. Die Stelle auf der t-Achse, bei der die Fläche beginnt, stellt eine Lösung der Gleichung dar.

Geometrie G 1

Vorbereitungszeit: 20 Minuten, erlaubte Hilfsmittel: Taschenrechner (WTR)

Gegeben sind die Gerade

$$g: \vec{x} = \begin{pmatrix} 2 \\ -3 \\ 2 \end{pmatrix} + t \cdot \begin{pmatrix} 1 \\ 2 \\ 0 \end{pmatrix}; t \in \mathbb{R}$$

und die Ebene

$$\text{E}: 2x_1 - x_3 = 6$$

a) Begründen Sie, dass sich g und E schneiden und berechnen Sie die Koordinaten des Schnittpunkts S von g und E.

b) Bestimmen Sie den Schnittwinkel von g und E.

c) Die Gerade g wird an der Ebene E gespiegelt. Erläutern Sie ein Verfahren, wie man die Gleichung der Spiegelgeraden g^* erhalten kann.

d) Die Gerade h ist parallel zu E und schneidet gleichzeitig die Gerade g orthogonal. Beschreiben Sie ein Verfahren, wie man eine Gleichung von h bestimmen kann.

Tipps G 1

a) Berechnen Sie das Skalarprodukt des Richtungsvektors $\vec{u}$ von g mit dem Normalenvektor $\vec{n}$ von E: $\vec{u} \cdot \vec{n}$.
Setzen Sie den allgemeinen Punkt P_t von g in E ein, lösen die Gleichung nach t auf und setzen den erhaltenen t-Wert in P_t ein, um den Schnittpunkt zu erhalten.

b) Verwenden Sie die Formel $\sin(\alpha) = \frac{|\vec{u} \cdot \vec{n}|}{|\vec{u}| \cdot |\vec{n}|}$, wobei $\vec{u}$ Richtungsvektor von g und $\vec{n}$ ein Normalenvektor von E ist.

c) Skizzieren Sie die Problemstellung. Verwenden Sie eine Lotgerade, den Lotfußpunkt und eine geeignete Vektorkette. Stellen Sie g^* mithilfe eines Spielgelpunktes und eines geeigneten Richtungsvektors auf.

d) Skizzieren Sie die Problemstellung. Verwenden Sie den Ansatz: $h\colon \vec{x} = \vec{a} + r \cdot \vec{v}$. Beachten Sie, dass $\vec{v}$ senkrecht zu $\vec{u}$ und senkrecht zu $\vec{n}$ sein muss. Verwenden Sie das Vektorprodukt.

Lösungen G 1

a) Um zu begründen, dass sich g und E schneiden, berechnet man das Skalarprodukt des Richtungsvektors $\vec{u}$ der Geraden g und des Normalenvektors $\vec{n}$ der Ebene E:

$$\vec{u}\cdot\vec{n}=\begin{pmatrix}1\\2\\0\end{pmatrix}\cdot\begin{pmatrix}2\\0\\-1\end{pmatrix}=1\cdot2+2\cdot0+0\cdot(-1)=2$$

Wegen $\vec{u}\cdot\vec{n}\neq 0$ existiert ein Schnittpunkt, da g nicht parallel zu E ist.
Man erhält die Koordinaten des Schnittpunts, indem man den allgemeinen Punkt

$$\mathrm{P}_t(2+t\mid -3+2t\mid 2)$$

von g in die Koordinatengleichung von E: $2x_1-x_3=6$ einsetzt:

$$2\cdot(2+t)-2=6\;\Rightarrow\; t=2$$

Setzt man $t=2$ in P_t ein, ergeben sich die Koordinaten des Schnittpunkts $\mathrm{S}(4\mid 1\mid 2)$.

b) Den Schnittwinkel α von g und E erhält man mithilfe der Formel $\sin(\alpha)=\frac{|\vec{u}\cdot\vec{n}|}{|\vec{u}|\cdot|\vec{n}|}$.
Dabei ist $\vec{u}$ der Richtungsvektor von g und $\vec{n}$ ein Normalenvektor von E:

$$\sin(\alpha)=\frac{|\vec{u}\cdot\vec{n}|}{|\vec{u}|\cdot|\vec{n}|}=\frac{\left|\begin{pmatrix}1\\2\\0\end{pmatrix}\cdot\begin{pmatrix}2\\0\\-1\end{pmatrix}\right|}{\left|\begin{pmatrix}1\\2\\0\end{pmatrix}\right|\cdot\left|\begin{pmatrix}2\\0\\-1\end{pmatrix}\right|}=\frac{|1\cdot2+2\cdot0+0\cdot(-1)|}{\sqrt{1^2+2^2+0^2}\cdot\sqrt{2^2+0^2+(-1)^2}}$$

$$=\frac{2}{5}$$

$$\Rightarrow\;\alpha\approx 23{,}58^\circ$$

c) Die Situation kann entweder perspektivisch (links) oder von der Seite skizziert werden:

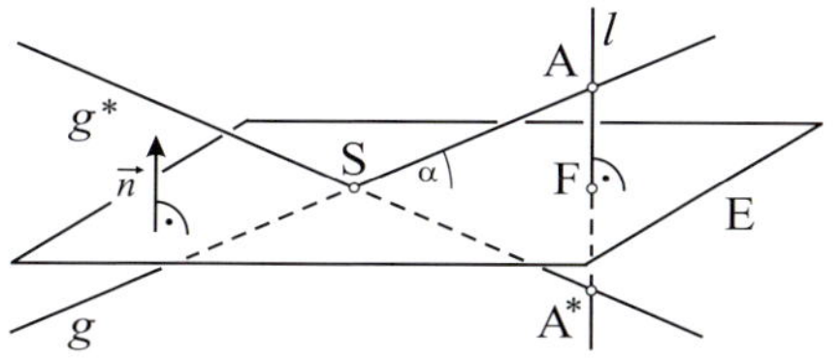

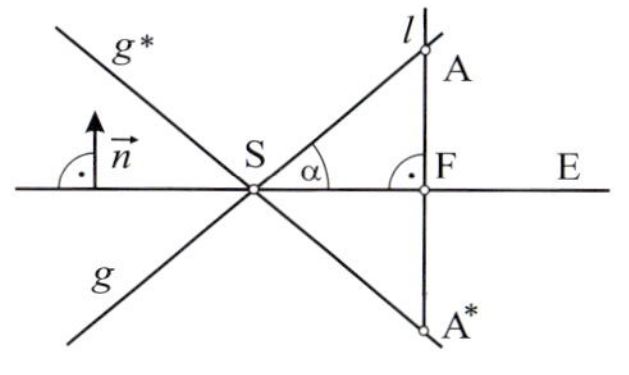

Zuerst stellt man die Gleichung der Lotgeraden l auf, die durch den Stützpunkt A der Geraden g verläuft und orthogonal zu E ist, d.h. der Normalenvektor von E ist der Richtungsvektor von l:

$$l\colon \vec{x} = \vec{a} + r\cdot\vec{n} = \begin{pmatrix} 2 \\ -3 \\ 2 \end{pmatrix} + r\cdot\begin{pmatrix} 2 \\ 0 \\ -1 \end{pmatrix},\ t \in \mathbb{R}$$

Dann schneidet man l mit E. Dies ergibt den Lotfußpunkt F.

Man erhält neben S einen weiteren Punkt A^* auf der Spiegelgeraden g^*, indem man eine Vektorkette aufstellt:

$$\overrightarrow{OA^*} = \overrightarrow{OA} + 2\cdot\overrightarrow{AF}$$

Mithilfe von S und A^* kann man die Gleichung der Spiegelgeraden g^* aufstellen:

$$g^*\colon \vec{x} = \vec{s} + t\cdot\overrightarrow{SA^*}$$

d) Man kann die Situation wie folgt skizzieren:

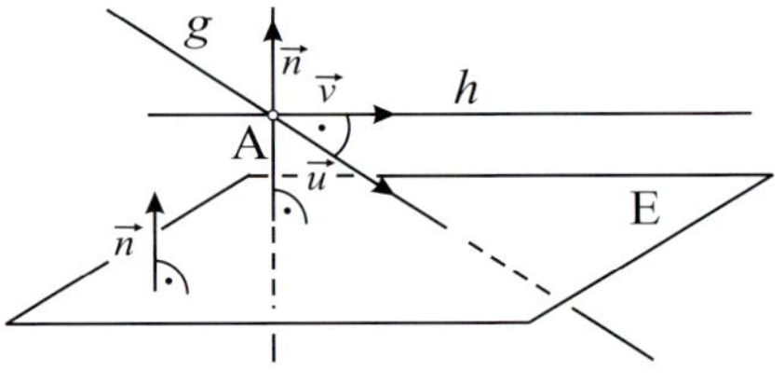

Als Ansatz für die Gerade h verwendet man den Stützvektor $\vec{a}$ von g und einen noch unbestimmten Richtungsvektor $\vec{v}$:

$$h\colon \vec{x} = \vec{a} + r\cdot\vec{v}$$

Da h orthogonal zu g und parallel zu E sein soll, muss $\vec{v}$ orthogonal zum Richtungsvektor $\vec{u}$ von g und zum Normalenvektor $\vec{n}$ von E sein. Damit erhält man $\vec{v}$ mit dem Vektorprodukt:

$$\vec{v} = \vec{u}\times\vec{n}$$

Damit gilt: $h \perp g$ und $h \parallel$ E.

Anmerkung: Es sind weitere Geraden denkbar, die die geforderten Bedingungen erfüllen. Diese liegen parallel zu h und E und schneiden g orthogonal in einem anderen Punkt der Geraden g.

Geometrie G 2

Vorbereitungszeit: 20 Minuten, erlaubte Hilfsmittel: Taschenrechner (WTR)

Die Punkte A (6 | 6 | 0), B (2 | 8 | 0) und O (0 | 0 | 0) sind Eckpunkte einer dreiseitigen Pyramide mit Spitze S (4 | 6 | 10). Die Ebene E enthält die Punkte A, B und S.

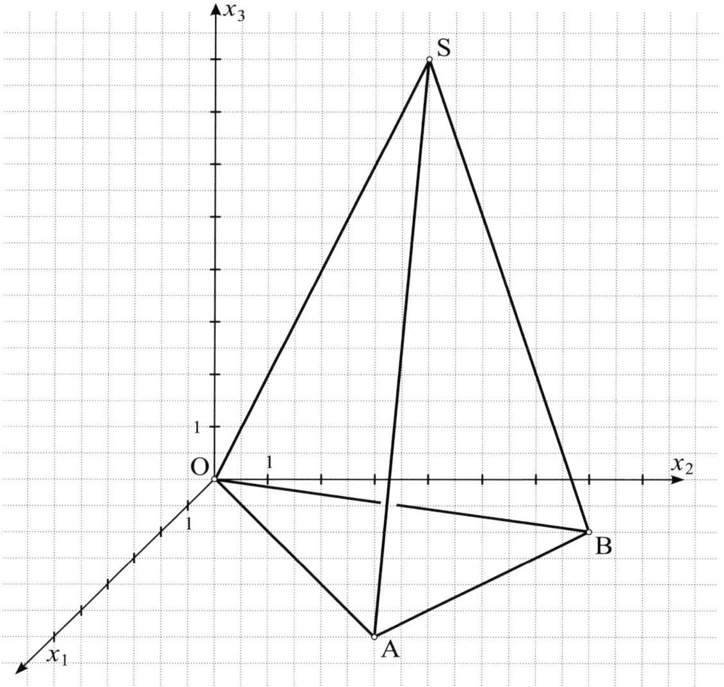

a) Bestimmen Sie eine Parametergleichung von E und erläutern Sie Ihr Vorgehen. Zeigen Sie, dass die Ebene E die Koordinatengleichung E: $5x_1 + 10x_2 + x_3 = 90$ hat.

b) Prüfen Sie, ob das Dreieck ABS gleichschenklig ist.

c) Erläutern Sie, wie man das Volumen der Pyramide OABS bestimmen kann.

d) Bei der Ebene E wird der x_3-Koeffizient durch den Parameter a ersetzt und man erhält die Ebene E_a: $5x_1 + 10x_2 + ax_3 = 90$.
Bestimmen Sie a so, dass E und E_a orthogonal zueinander sind.

Tipps G 2

a) Verwenden Sie für die Parametergleichung der Ebene E, in der die Punkte A, B und S liegen, beispielsweise den Stützpunkt A und die Spannvektoren $\vec{u} = \overrightarrow{AB}$ und $\vec{v} = \overrightarrow{AS}$. Verwenden Sie die Parameterform: $E: \vec{x} = \vec{p} + s \cdot \vec{u} + t \cdot \vec{v}$. Alternativ können Sie auch einen anderen Stützpunkt und entsprechende Spannvektoren wählen.
Um zu zeigen, dass die Ebene E die angegebene Koordinatengleichung hat, setzen Sie die Koordinaten von A, B und S in E ein. Bei wahren Aussagen liegen die Punkte in E. Alternativ können Sie mithilfe des Vektorprodukts zweier Spannvektoren einen Normalenvektor $\vec{n}$ bestimmen und diesen und die Koordinaten eines Punktes in den Ansatz $ax_1 + bx_2 + cx_3 = d$ einsetzen.

b) Um zu prüfen, ob das Dreieck ABC gleichschenklig ist, berechnen Sie die Längen der drei Seiten des Dreiecks, indem Sie die Beträge der entsprechenden Verbindungsvektoren bestimmen. Falls zwei Seiten gleich lang sind, ist das Dreieck ABC gleichschenklig.

c) Das Volumen V der Pyramide OABS, die das Dreieck OAB als Grundfläche und den Punkt S als Spitze hat, erhält man mit der Formel $V = \frac{1}{3} \cdot G \cdot h$. Die Grundfläche G der Pyramide ist der Flächeninhalt des Dreiecks OAB, den man mithilfe des Vektorprodukts zweier Seiten-Vektoren bestimmt. Die Höhe h der Pyramide ist der Abstand der Spitze S zur Ebene, in der das Dreieck OAB liegt. Überlegen Sie, wie Sie h bestimmen können.

d) Um a so zu bestimmen, dass E und E_a orthogonal zueinander sind, verwenden Sie das Skalarprodukt der beiden Normalenvektoren, welches Null ergeben muss. Stellen Sie eine Gleichung auf und lösen Sie diese nach a auf.

Lösungen G 2

a) Die Ebene E, in der die Punkte A (6 | 6 | 0), B (2 | 8 | 0) und S (4 | 6 | 10) liegen, hat beispielsweise den Stützpunkt A und die Spannvektoren

$$\overrightarrow{AB} = \begin{pmatrix} -4 \\ 2 \\ 0 \end{pmatrix} = 2 \cdot \begin{pmatrix} -2 \\ 1 \\ 0 \end{pmatrix} \text{ und } \overrightarrow{AS} = \begin{pmatrix} -2 \\ 0 \\ 10 \end{pmatrix} = 2 \cdot \begin{pmatrix} -1 \\ 0 \\ 5 \end{pmatrix}$$

Ist $\vec{x}$ der Ortsvektor eines Punktes X der Ebene E, so erhält man eine Parametergleichung von E mithilfe einer Vektorkette:

$$E\colon \vec{x} = \begin{pmatrix} 6 \\ 6 \\ 0 \end{pmatrix} + s \cdot \begin{pmatrix} -2 \\ 1 \\ 0 \end{pmatrix} + t \cdot \begin{pmatrix} -1 \\ 0 \\ 5 \end{pmatrix};\ s,t \in \mathbb{R}$$

Alternativ kann man auch einen anderen Punkt als Stützpunkt und entsprechend andere Spannvektoren verwenden.
Um zu zeigen, dass die Ebene E die Koordinatengleichung $E\colon\ 5x_1 + 10x_2 + x_3 = 90$ hat, setzt man die Koordinaten von A, B und S in E ein:

$$5 \cdot 6 + 10 \cdot 6 + 0 = 90 \Rightarrow 90 = 90 \Rightarrow A \in E$$
$$5 \cdot 2 + 10 \cdot 8 + 0 = 90 \Rightarrow 90 = 90 \Rightarrow B \in E$$
$$5 \cdot 4 + 10 \cdot 6 + 10 = 90 \Rightarrow 90 = 90 \Rightarrow S \in E$$

Aufgrund der wahren Aussagen liegen die Punkte A, B und S in E.
Alternativ kann man auch mithilfe des Vektorprodukts der Spannvektoren einen Normalenvektor bestimmen und diesen und die Koordinaten eines Punktes in die Koordinatenform einsetzen:

$$\vec{n} = \begin{pmatrix} -2 \\ 1 \\ 0 \end{pmatrix} \times \begin{pmatrix} -1 \\ 0 \\ 5 \end{pmatrix} = \begin{pmatrix} 5 \\ 10 \\ 1 \end{pmatrix}$$

Setzt man die Koordinaten von A in den Ansatz $5x_1 + 10x_2 + x_3 = d$ ein, ergibt sich: $5 \cdot 6 + 10 \cdot 6 + 0 = d \Rightarrow d = 90$.
Somit hat die Ebene E die Koordinatengleichung $E\colon\ 5x_1 + 10x_2 + x_3 = 90$.

b) Um zu prüfen, ob das Dreieck ABS gleichschenklig ist, berechnet man die Längen der drei Seiten des Dreiecks:

$$\overline{AB} = \left|\overrightarrow{AB}\right| = \left|\begin{pmatrix} -4 \\ 2 \\ 0 \end{pmatrix}\right| = \sqrt{(-4)^2 + 2^2 + 0^2} = \sqrt{20}$$

$$\overline{\mathrm{AS}} = \left|\overrightarrow{\mathrm{AS}}\right| = \left|\begin{pmatrix} -2 \\ 0 \\ 10 \end{pmatrix}\right| = \sqrt{(-2)^2 + 0^2 + 10^2} = \sqrt{104}$$

$$\overline{\mathrm{BS}} = \left|\overrightarrow{\mathrm{BS}}\right| = \left|\begin{pmatrix} 2 \\ -2 \\ 10 \end{pmatrix}\right| = \sqrt{2^2 + (-2)^2 + 10^2} = \sqrt{108}$$

Da alle drei Seiten des Dreiecks ABS unterschiedlich lang sind, ist das Dreieck ABS nicht gleichschenklig.

c) Das Volumen V der Pyramide OABS, die das Dreieck OAB als Grundfläche und den Punkt S als Spitze hat, erhält man mit der Formel $V = \frac{1}{3} \cdot G \cdot h$.
Die Grundfläche G der Pyramide ist der Flächeninhalt des Dreiecks OAB, den man mithilfe des Vektorprodukts bestimmt:

$$G = \frac{1}{2} \cdot \left|\overrightarrow{\mathrm{OA}} \times \overrightarrow{\mathrm{OB}}\right| = \frac{1}{2} \cdot \left|\begin{pmatrix} 6 \\ 6 \\ 0 \end{pmatrix} \times \begin{pmatrix} 2 \\ 8 \\ 0 \end{pmatrix}\right|$$

Die Höhe h der Pyramide ist der Abstand der Spitze $S\,(4 \mid 6 \mid 10)$ zur x_1x_2-Ebene, in der das Dreieck OAB liegt. Dieser entspricht der x_3-Koordinate des Punktes S, also $h = 10$.
Damit erhält man das Volumen der Pyramide:

$$V = \frac{1}{3} \cdot G \cdot h = \frac{1}{3} \cdot \frac{1}{2} \cdot \left|\begin{pmatrix} 6 \\ 6 \\ 0 \end{pmatrix} \times \begin{pmatrix} 2 \\ 8 \\ 0 \end{pmatrix}\right| \cdot 10$$

d) Um a so zu bestimmen, dass $E: 5x_1 + 10x_2 + x_3 = 90$ und $E_a: 5x_1 + 10x_2 + ax_3 = 90$ orthogonal zueinander sind, verwendet man das Skalarprodukt der beiden Normalenvektoren, welches Null ergeben muss. Damit erhält man folgende Gleichung, die man nach a auflöst:

$$\overrightarrow{n_1} \cdot \overrightarrow{n_2} = 0$$

$$\begin{pmatrix} 5 \\ 10 \\ 1 \end{pmatrix} \cdot \begin{pmatrix} 5 \\ 10 \\ a \end{pmatrix} = 0$$

$$5 \cdot 5 + 10 \cdot 10 + 1 \cdot a = 0$$

$$125 + a = 0$$

$$a = -125$$

Für $a = -125$ sind die beiden Ebenen orthogonal zueinander.

Geometrie G 3

Vorbereitungszeit: 20 Minuten, erlaubte Hilfsmittel: Taschenrechner (WTR)

Gegeben sind die Punkte $A(3 \mid 1 \mid 2)$ und $B(4 \mid -1 \mid 1)$.
Die Gerade g geht durch A und B.

a) Stellen Sie die Gleichung der Geraden g auf und zeigen Sie, dass der Punkt $C(2 \mid 3 \mid 1)$ nicht auf g liegt.

b) Zeigen Sie, dass die Gerade g in der Ebene E mit der Gleichung

$$E\colon\ 2x_1 + x_2 = 7$$

enthalten ist und beschreiben Sie die besondere Lage von E im Koordinatensystem.

c) Das Dreieck ABC wird durch einen Punkt D zu einem Parallelogramm ergänzt.
Bestimmen Sie die Koordinaten eines Punktes D.
Veranschaulichen Sie durch eine Skizze, wie viele solcher Punkte es gibt.

d) Beschreiben Sie, wie man die Gleichung einer Ebene F erhält, welche die Ebene E orthogonal in der Geraden g schneidet.

Tipps G 3

a) Verwenden Sie für g durch A und B die Gleichung $g: \vec{x} = \vec{a} + t \cdot \overrightarrow{AB}$; $t \in \mathbb{R}$.
Setzen Sie die Koordinaten von C in die Geradengleichung ein und lösen Sie die drei Gleichungen jeweils nach t auf.

b) Setzen Sie den allgemeinen Punkt P_t von g in die Ebenengleichung von E ein. Bei einer wahren Aussage liegt g in E.
Die besondere Lage von E erhalten Sie durch Bestimmung von Spurpunkten.

c) Skizzieren Sie verschiedene Möglichkeiten, das Dreieck ABC zu einem Parallelogramm zu ergänzen.
Mithilfe einer Vektorkette erhalten Sie die Koordinaten des Punktes D.

d) Skizzieren Sie die Problemstellung.
Überlegen Sie, welchen Punkt und welche Spannvektoren die Ebene F festlegen.
Alternativ können Sie auch überlegen, welche Bedingungen ein Normalenvektor $\overrightarrow{n_F}$ der Ebene F erfüllen muss, wenn F die Ebene E orthogonal schneidet und auch orthogonal zu g ist. Zur Bestimmung der Gleichung von F benötigen Sie zusätzlich noch einen Punkt, z.B. den Stützpunkt A von g, der auch auf F liegt.

Lösungen G 3

a) Die Gleichung der Geraden g durch A und B erhält man, indem man beispielsweise $\vec{a}$ als Stützvektor und $\overrightarrow{AB} = \vec{b} - \vec{a}$ als Richtungsvektor verwendet:

$$g: \vec{x} = \vec{a} + t \cdot \overrightarrow{AB} = \begin{pmatrix} 3 \\ 1 \\ 2 \end{pmatrix} + t \cdot \begin{pmatrix} 1 \\ -2 \\ -1 \end{pmatrix}; t \in \mathbb{R}$$

Alternativ könnte man auch $\vec{b}$ als Stützvektor und $\overrightarrow{BA}$ als Richtungsvektor verwenden.
Um zu prüfen, ob der Punkt C auf g liegt, setzt man die Koordinaten von $\vec{c}$ in die Geradengleichung ein (Punktprobe):

$$\begin{pmatrix} 2 \\ 3 \\ 1 \end{pmatrix} = \begin{pmatrix} 3 \\ 1 \\ 2 \end{pmatrix} + t \cdot \begin{pmatrix} 1 \\ -2 \\ -1 \end{pmatrix} \Rightarrow \begin{array}{rcrcrcrcr} 2 & = & 3 & + & t & \Rightarrow & t & = & -1 \\ 3 & = & 1 & - & 2t & \Rightarrow & t & = & -1 \\ 1 & = & 2 & - & t & \Rightarrow & t & = & 1 \end{array}$$

Aufgrund des Widerspruchs liegt C nicht auf g.

b) Um zu zeigen, dass die Gerade g in E enthalten ist, setzt man den allgemeinen Punkt $P_t(3+t \mid 1-2t \mid 2-t)$ von g in die Koordinatengleichung von E ein:

$$2 \cdot (3+t) + 1 - 2t = 7 \Rightarrow 7 = 7 \Rightarrow g \text{ liegt in E}$$

Aufgrund der wahren Aussage ist g in E enthalten.
Die besondere Lage von E erhält man, indem man die Spurpunkte von E bestimmt:
Den Schnittpunkt von E mit der x_1-Achse erhält man, indem man $x_2 = 0$ und $x_3 = 0$ in E einsetzt:

$$2x_1 + 0 = 7 \Rightarrow x_1 = 3,5 \Rightarrow S_1(3,5 \mid 0 \mid 0)$$

Den Schnittpunkt von E mit der x_2-Achse erhält man, indem man $x_1 = 0$ und $x_3 = 0$ in E einsetzt:

$$2 \cdot 0 + x_2 = 7 \Rightarrow x_2 = 7 \Rightarrow S_2(0 \mid 7 \mid 0)$$

Den Schnittpunkt von E mit der x_3-Achse erhält man, indem man $x_1 = 0$ und $x_2 = 0$ in E einsetzt:

$$2 \cdot 0 + 0 = 7 \Rightarrow 0 = 7$$

Aufgrund des Wiederspruchs gibt es keinen Spurpunkt S_3, somit ist E parallel zur x_3-Achse.

c) Zur Bestimmung der Koordinaten eines Punktes, der das Dreieck ABC zu einem Parallelogramm ergänzt, gibt es drei verschiedene Möglichkeiten.
Mithilfe einer Vektorkette kann man die Koordinaten eines Punktes D bestimmen:

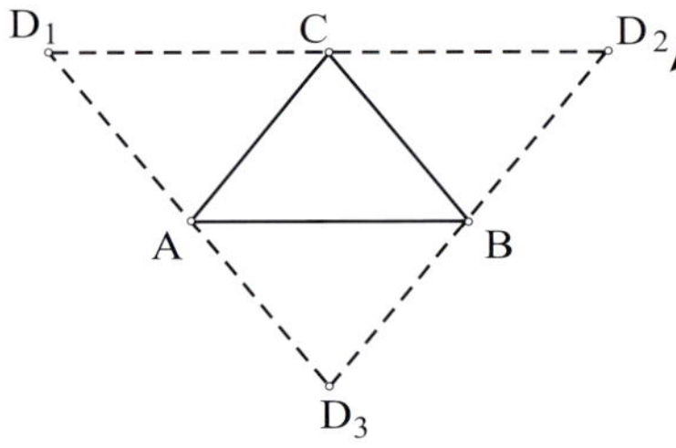

$$\overrightarrow{OD_1} = \overrightarrow{OA} + \overrightarrow{BC} = \begin{pmatrix} 3 \\ 1 \\ 2 \end{pmatrix} + \begin{pmatrix} -2 \\ 4 \\ 0 \end{pmatrix} = \begin{pmatrix} 1 \\ 5 \\ 2 \end{pmatrix} \Rightarrow D_1(1 \mid 5 \mid 2)$$

$$\overrightarrow{OD_2} = \overrightarrow{OC} + \overrightarrow{AB} = \begin{pmatrix} 2 \\ 3 \\ 1 \end{pmatrix} + \begin{pmatrix} 1 \\ -2 \\ -1 \end{pmatrix} = \begin{pmatrix} 3 \\ 1 \\ 0 \end{pmatrix} \Rightarrow D_2(3 \mid 1 \mid 0)$$

$$\overrightarrow{OD_3} = \overrightarrow{OA} + \overrightarrow{CB} = \begin{pmatrix} 3 \\ 1 \\ 2 \end{pmatrix} + \begin{pmatrix} 2 \\ -4 \\ 0 \end{pmatrix} = \begin{pmatrix} 5 \\ -3 \\ 2 \end{pmatrix} \Rightarrow D_3(5 \mid -3 \mid 2)$$

d) Man kann die Situation wie folgt skizzieren:
Als Stützpunkt von F wählt man einen Punkt von g, z.B. den Punkt A.
Die Vektoren $\overrightarrow{n_E}$ und $\vec{u}$ sind die Spannvektoren von F.
Damit erhält man folgende Parametergleichung:

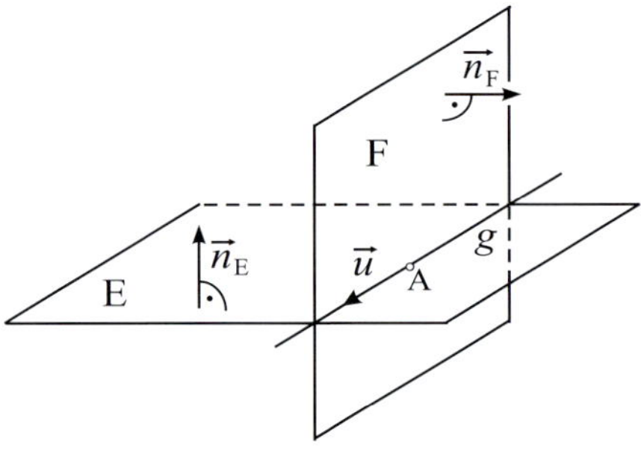

$$F\colon \vec{x} = \vec{a} + s \cdot \overrightarrow{n_E} + t \cdot \vec{u}$$

Alternativ kann man sich Folgendes überlegen:
Den Normalenvektor $\overrightarrow{n_F}$ von F erhält man durch folgende Überlegungen:
Da die Ebene F die Ebene E orthogonal schneidet, gilt: $\overrightarrow{n_F} \perp \overrightarrow{n_E}$.
Da die Ebene F die Gerade g enthält, gilt: $\overrightarrow{n_F} \perp \vec{u}$.
Damit gilt für den Normalenvektor von F: $\overrightarrow{n_F} = \overrightarrow{n_E} \times \vec{u}$.
Mithilfe des Stützpunktes A von g und dem Normalenvektor $\overrightarrow{n_F}$ ergibt sich eine Koordinatengleichung von F:

$$ax_1 + bx_2 + cx_3 = d, \text{ wobei } \overrightarrow{n_F} = \begin{pmatrix} a \\ b \\ c \end{pmatrix}.$$

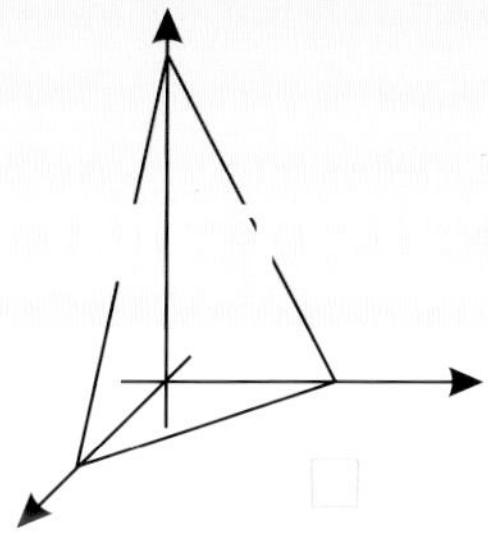

Vorbereitungszeit: 20 Minuten, erlaubte Hilfsmittel: Taschenrechner (WTR)

Gegeben ist eine quadratische senkrechte Pyramide ABCDS.

Die Koordinaten der Punkte A, B und S lauten $A\,(5 \mid 5 \mid 0)$, $B\,(-5 \mid 5 \mid 0)$, $S\,(0 \mid 0 \mid 6)$.
Das Quadrat ABCD liegt in der x_1x_2-Ebene.

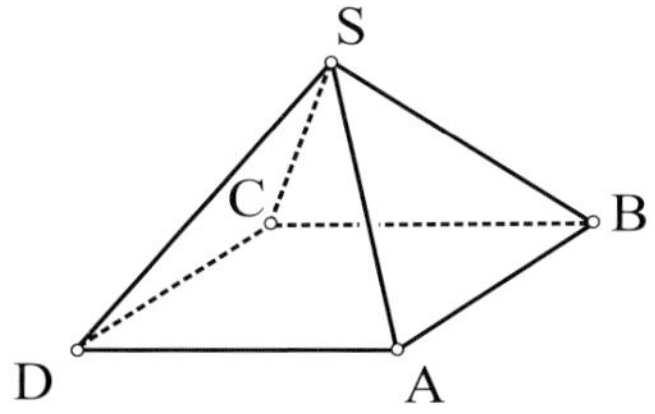

a) Geben Sie die Koordinaten der fehlenden Punkte C und D an.
Zeigen Sie, dass die Punkte A, B und S in der Ebene $E\colon\ 6x_2 + 5x_3 = 30$ liegen.

b) Bestimmen Sie einen Rechenausdruck für den Winkel α, in dem E die x_1x_2-Ebene schneidet.

c) Erläutern Sie, wie man die Mantelfläche der Pyramide berechnen kann.

d) Beschreiben Sie ein Verfahren, mit dem man die Koordinaten eines Punktes Q bestimmen kann, der von allen Eckpunkten der Pyramide ABCDS genau gleich weit entfernt ist.

Tipps G 4

a) Beachten Sie, dass das Quadrat ABCD in der x_1x_2-Ebene symmetrisch zum Ursprung liegt.
Um zu zeigen, dass die Punkte A, B und S in der Ebene E liegen, setzen Sie die Koordinaten der Punkte in E ein. Bei wahren Aussagen liegen die Punkte in der Ebene.

b) Einen Rechenausdruck für den Schnittwinkel α zwischen der Ebene E und der x_1x_2-Ebene erhalten Sie mithilfe der Formel

$$\cos(\alpha) = \frac{|\overrightarrow{n_1} \cdot \overrightarrow{n_2}|}{|\overrightarrow{n_1}| \cdot |\overrightarrow{n_2}|}$$

Dabei ist $\overrightarrow{n_1}$ ein Normalenvektor der Ebene E und $\overrightarrow{n_2}$ ein Normalenvektor der x_1x_2-Ebene.

c) Überlegen Sie, aus wie vielen Flächen sich die Mantelfläche M zusammensetzt und wie Sie den Flächeninhalt einer Dreiecksfläche bestimmen können. Verwenden Sie dazu entweder das Vektorprodukt oder beachten Sie, dass die Dreiecke der Mantelfläche gleichschenklig sind.

d) Überlegen Sie aufgrund der Symmetrie, auf welcher Geraden h der Punkt Q, der von allen Eckpunkten der Pyramide genau gleich weit entfernt ist, liegen muss und bestimmen Sie einen allgemeinen Punkt Q_t auf h. Beachten Sie, dass der Abstand von Q_t beispielsweise zum Punkt A gleich groß sein muss wie zum Punkt S. Stellen Sie eine Gleichung auf und beschreiben Sie, wie Sie diese lösen.

Lösungen G 4

a) Da das Quadrat ABCD in der x_1x_2-Ebene liegt, haben die Punkte C und D aufgrund der Symmetrie zum Ursprung die Koordinaten C $(-5 \mid -5 \mid 0)$ und D $(5 \mid -5 \mid 0)$. Der Mittelpunkt des Quadrats ist der Ursprung des Koordinatensystems.
Um zu zeigen, dass die Punkte A $(5 \mid 5 \mid 0)$, B $(-5 \mid 5 \mid 0)$ und S $(0 \mid 0 \mid 6)$ in der Ebene E: $6x_2 + 5x_3 = 30$ liegen, setzt man die Koordinaten der Punkte in E ein:

$$6 \cdot 5 + 5 \cdot 0 = 30 \Rightarrow 30 = 30 \Rightarrow \mathrm{A} \in \mathrm{E}$$
$$6 \cdot 5 + 5 \cdot 0 = 30 \Rightarrow 30 = 30 \Rightarrow \mathrm{B} \in \mathrm{E}$$
$$6 \cdot 0 + 5 \cdot 6 = 30 \Rightarrow 30 = 30 \Rightarrow \mathrm{S} \in \mathrm{E}$$

b) Einen Rechenausdruck für den Schnittwinkel α zwischen der Ebene E und der x_1x_2-Ebene erhält man mithilfe der Formel

$$\cos(\alpha) = \frac{|\overrightarrow{n_1} \cdot \overrightarrow{n_2}|}{|\overrightarrow{n_1}| \cdot |\overrightarrow{n_2}|}$$

Dabei ist $\overrightarrow{n_1} = \begin{pmatrix} 0 \\ 6 \\ 5 \end{pmatrix}$ ein Normalenvektor der Ebene E und $\overrightarrow{n_2} = \begin{pmatrix} 0 \\ 0 \\ 1 \end{pmatrix}$ ein Normalenvektor der x_1x_2-Ebene.
Damit ergibt sich:

$$\cos(\alpha) = \frac{|\overrightarrow{n_1} \cdot \overrightarrow{n_2}|}{|\overrightarrow{n_1}| \cdot |\overrightarrow{n_2}|} = \frac{\left|\begin{pmatrix} 0 \\ 6 \\ 5 \end{pmatrix} \cdot \begin{pmatrix} 0 \\ 0 \\ 1 \end{pmatrix}\right|}{\left|\begin{pmatrix} 0 \\ 6 \\ 5 \end{pmatrix}\right| \cdot \left|\begin{pmatrix} 0 \\ 0 \\ 1 \end{pmatrix}\right|} = \frac{|0 \cdot 0 + 6 \cdot 0 + 5 \cdot 1|}{\sqrt{0^2 + 6^2 + 5^2} \cdot \sqrt{0^2 + 0^2 + 1^2}} = \frac{5}{\sqrt{61}}$$

c) Die Mantelfläche M der Pyramide ABCDS setzt sich aus 4 gleichgroßen Dreiecksflächen zusammen. Daher genügt es, den Flächeninhalt einer Dreiecksfläche zu bestimmen.
Den Flächeninhalt $\mathrm{A_{ABS}}$ einer Dreiecksfläche, z.B. des Dreiecks ABS, erhält man mithilfe des Vektorprodukts:

$$\mathrm{A_{ABS}} = \frac{1}{2} \cdot |\overrightarrow{\mathrm{AB}} \times \overrightarrow{\mathrm{AS}}|$$

Alternativ kann man den Flächeninhalt des Dreiecks ABS auch mithilfe der Formel

$$\mathrm{A_{ABS}} = \frac{1}{2} \cdot g \cdot h$$

bestimmen. Das Dreieck ist aufgrund der Symmetrie der Pyramide gleichschenklig. Man bestimmt den Mittelpunkt M_{AB} der Punkte A und B und erhält damit

$$g = |\overrightarrow{AB}| \quad \text{und } h = |\overrightarrow{M_{AB}S}|$$

Somit gilt für die Mantelfläche der Pyramide:

$$M = 4 \cdot A_{ABS} = 4 \cdot \frac{1}{2} \cdot |\overrightarrow{AB} \times \overrightarrow{AS}| = 4 \cdot \frac{1}{2} \cdot |\overrightarrow{AB}| \cdot |\overrightarrow{M_{AB}S}|$$

d) Aufgrund der Symmetrie muss der Punkt Q, der von allen Eckpunkten der Pyramide ABCDS genau gleich weit entfernt ist, auf der Geraden h durch den Ursprung und Punkt S liegen:

$$h: \vec{x} = t \cdot \begin{pmatrix} 0 \\ 0 \\ 6 \end{pmatrix}$$

Damit hat Q die allgemeine Form $Q_t(0 \mid 0 \mid 6t)$. Der Abstand von Q_t muss beispielsweise zum Punkt A gleich groß sein wie zum Punkt S. Damit muss gelten:

$$\begin{aligned}
\left|\overrightarrow{AQ_t}\right| &= \left|\overrightarrow{SQ_t}\right| \\
\left|\begin{pmatrix} -5 \\ -5 \\ 6t \end{pmatrix}\right| &= \left|\begin{pmatrix} 0 \\ 0 \\ 6t-6 \end{pmatrix}\right| \\
\sqrt{(-5)^2+(-5)^2+(6t)^2} &= \sqrt{0^2+0^2+(6t-6)^2} \\
\sqrt{50+36t^2} &= \sqrt{36t^2-72t+36} \\
50+36t^2 &= 36t^2-72t+36 \\
t &= -\frac{7}{36}
\end{aligned}$$

Setzt man den erhaltenen t-Wert in Q_t ein, erhält man die Koordinaten des Punktes Q, der von allen Eckpunkten der Pyramide gleich weit entfernt ist.
Anmerkung: Wegen $t < 0$ liegt Q außerhalb der Pyramide.

Geometrie G 5

Vorbereitungszeit: 20 Minuten, erlaubte Hilfsmittel: Taschenrechner (WTR)

Gegeben sind die Gerade

$$g: \vec{x} = \begin{pmatrix} 2 \\ 1 \\ 2 \end{pmatrix} + t \cdot \begin{pmatrix} 1 \\ 2 \\ -2 \end{pmatrix}; t \in \mathbb{R}$$

und die Ebene

$$\text{E}: 2x_1 - x_2 = 4$$

a) Bestimmen Sie die Spurpunkte von E und geben Sie die besondere Lage von E an.

b) Zeigen Sie, dass g und E parallel sind und erläutern Sie, wie man den Abstand von g und E bestimmen kann.

c) Beschreiben Sie, welche gegenseitige Lage eine Ebene und eine Gerade im Raum haben können und erläutern Sie ein Verfahren, wie man diese bestimmen kann.

d) Die Gerade h ist orthogonal zu E und schneidet g ebenfalls orthogonal. Beschreiben Sie ein Verfahren, wie man eine Gleichung von h bestimmen kann.

Tipps G 5

a) Die Spurpunkte von E erhalten Sie, indem Sie jeweils zwei Koordinaten gleich Null setzen und in die Ebenengleichung einsetzen. Bei einem Widerspruch existiert kein Spurpunkt und E ist parallel zu einer Achse.

b) Setzen Sie den allgemeinen Punkt P_t von g in E ein. Bei einem Widerspruch ist g parallel zur Ebene E.
Alternativ können Sie auch das Skalarprodukt des Richtungsvektors $\vec{u}$ mit dem Normalenvektor $\vec{n}$ berechnen. Falls $\vec{u} \cdot \vec{n} = 0$ sind g und E parallel oder g ist in E enthalten. Mithilfe einer Punktprobe prüfen Sie, welcher der beiden Fälle vorliegt. Dazu setzen Sie den Stützpunkt von g in die Gleichung von E ein.
Den Abstand von g zu E erhalten Sie mithilfe des Lotfußpunktverfahrens, indem Sie den Abstand des Stützpunktes P von g zur Ebene E bestimmen. Skizzieren Sie die Problemstellung und überlegen Sie, welche Gerade Sie aufstellen müssen und welchen Schnittpunkt Sie berechnen müssen, um schließlich den Abstand zweier Punkte zu bestimmen.

c) Beachten Sie, dass es drei verschiedene Möglichkeiten gibt. Verwenden Sie entweder das Skalarprodukt zwischen dem Richtungsvektor $\vec{u}$ von g und dem Normalenvektor $\vec{n}$ von E sowie eine Punktprobe oder setzen Sie einen allgemeinen Punkt P_t von g in die Koordinatengleichung von E ein und beachten Sie die drei möglichen Ergebnisse.

d) Skizzieren Sie die Problemstellung.
Verwenden Sie den Ansatz $h\colon \vec{x} = \vec{p} + r \cdot \vec{v}$. Als Punkt P von h können Sie beispielsweise den Stützpunkt von g verwenden. Überlegen Sie, welche Bedingungen der Richtungsvektor $\vec{v}$ von h erfüllen muss, wenn h die Ebene E orthogonal schneidet und auch orthogonal zu g ist.

Lösungen G 5

a) Den Schnittpunkt von E mit der x_1-Achse erhält man, indem man $x_2 = 0$ und $x_3 = 0$ in E einsetzt:

$$2x_1 - 0 = 4 \Rightarrow x_1 = 2 \Rightarrow S_1(2 \mid 0 \mid 0)$$

Den Schnittpunkt von E mit der x_2-Achse erhält man, indem man $x_1 = 0$ und $x_3 = 0$ in E einsetzt:

$$2 \cdot 0 - x_2 = 4 \Rightarrow x_2 = -4 \Rightarrow S_2(0 \mid -4 \mid 0)$$

Den Schnittpunkt von E mit der x_3-Achse erhält man, indem man $x_1 = 0$ und $x_2 = 0$ in E einsetzt:

$$2 \cdot 0 - 0 = 4 \Rightarrow 0 = 4$$

Aufgrund des Widerspruchs gibt es keinen Spurpunkt S_3, somit ist E parallel zur x_3-Achse.

b) Um zu zeigen, dass die Gerade g und die Ebene E parallel sind, setzt man den allgemeinen Punkt $P_t(2+t \mid 1+2t \mid 2-2t)$ von g in die Koordinatengleichung von E ein:

$$2 \cdot (2+t) - (1+2t) = 4 \Rightarrow 3 = 4 \Rightarrow g \parallel E$$

Aufgrund des Widerspruchs ist g parallel zu E.
Alternativ kann man auch das Skalarprodukt des Richtungsvektors $\vec{u}$ mit dem Normalenvektor $\vec{n}$ berechnen:

$$\vec{u} \cdot \vec{n} = \begin{pmatrix} 1 \\ 2 \\ -2 \end{pmatrix} \cdot \begin{pmatrix} 2 \\ -1 \\ 0 \end{pmatrix} = 1 \cdot 2 + 2 \cdot (-1) + (-2) \cdot 0 = 0$$

Wegen $\vec{u} \cdot \vec{n} = 0$ sind g und E parallel oder g ist in E enthalten.
Setzt man die Koordinaten des Stützpunkts $P(2 \mid 1 \mid 2)$ in E: $2x_1 - x_2 = 4$ ein, ergibt sich:

$$2 \cdot 2 - 1 = 4 \Leftrightarrow 3 = 4$$

Wegen des Widerspruchs liegt P und damit g nicht in E, somit ist g echt parallel zu E.
Den Abstand von g zu E erhält man mithilfe des Lotfußpunktverfahrens, indem man den Abstand des Stützpunktes P von g zur Ebene E bestimmt.

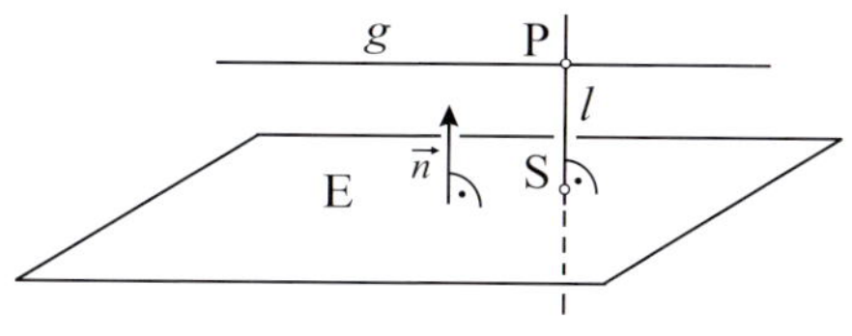

Dazu stellt man eine Lotgerade l durch P auf, die senkrecht zu E verläuft. Als Richtungsvektor von l verwendet man den Normalenvektor $\vec{n}$ von E. Damit ergibt sich:

$$l: \vec{x} = \vec{p} + t \cdot \vec{n}$$

Anschließend berechnet man den Schnittpunkt S von l und E.
Dazu setzt man einen allgemeinen Punkt P_t von l in die Koordinatengleichung von E ein und löst die entstandene Gleichung nach t auf. Der erhaltene t-Wert wird in P_t eingesetzt und man erhält den Lotfußpunkt S. Der Abstand von g zu E ist der Abstand der Punkte P und S, den man mithilfe des Betrags des Verbindungsvektors von P zu S erhält:

$$d(g;E) = d(P;S) = |\overrightarrow{PS}|$$

c) Die folgenden Zeichnungen veranschaulichen die gegenseitige Lage einer Geraden g zu einer Ebene E:

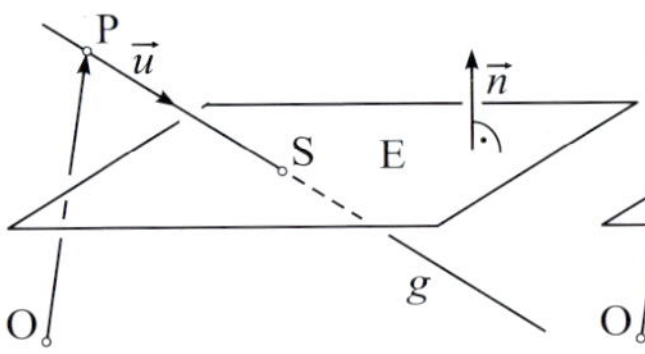

g schneidet E

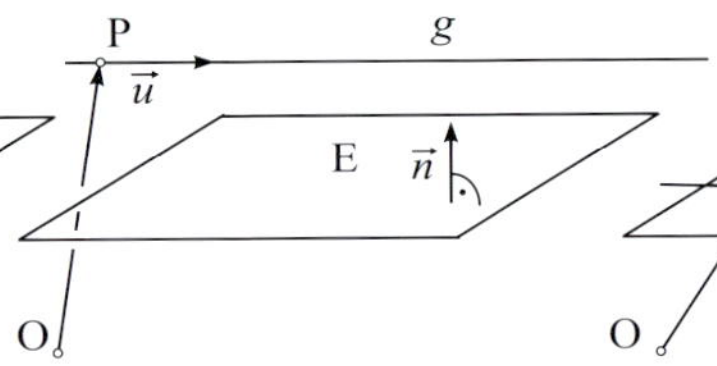

g ist parallel zu E

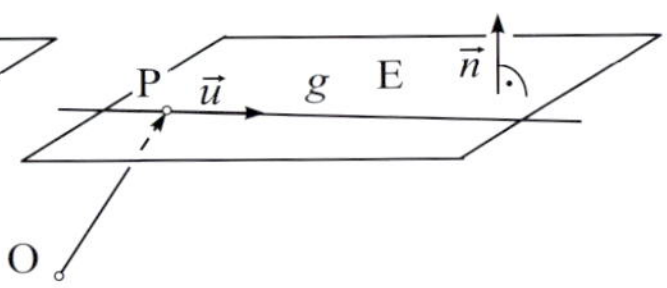

g liegt in E

Für die einzelnen Möglichkeiten gelten folgende Bedingungen:

- g schneidet E, falls $\vec{u} \cdot \vec{n} \neq 0$.
- g ist parallel zu E, falls $\vec{u} \cdot \vec{n} = 0$ und $P \notin E$.
- g liegt in E, falls $\vec{u} \cdot \vec{n} = 0$ und $P \in E$.

Alternativ kann man auch einen allgemeinen Punkt P_t von g in die Koordinatenform von E einsetzen:
Gibt es ein eindeutiges Ergebnis für t, so schneidet g die Ebene E, bei einem Widerspruch sind g und E parallel, bei einer wahren Aussage liegt g in E.

d) Anhand einer Skizze kann man die Situation veranschaulichen.
Als Ansatz für die Gerade h verwendet man beispielsweise den Stützvektor $\vec{p}$ von g und einen noch unbestimmten Richtungsvektor $\vec{v}$:

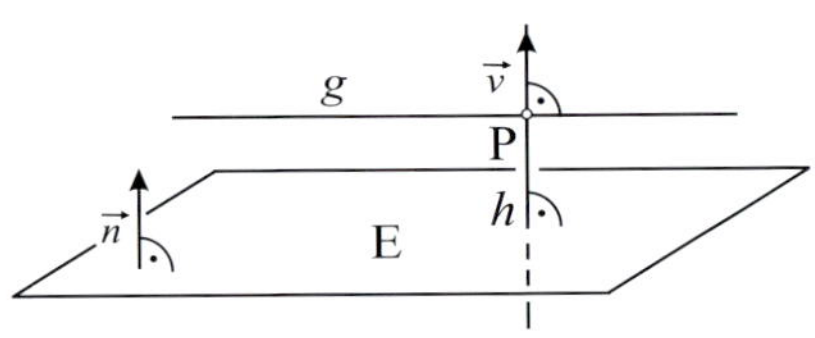

$$h\colon \vec{x} = \vec{p} + r \cdot \vec{v}$$

Die Gerade h soll orthogonal zu g und orthogonal zu E sein. Gleichzeitig liegt g auch parallel zu E. Daher kann man als Richtungsvektor von h den Normalenvektor $\vec{n}$ von E verwenden: $\vec{v} = \vec{n}$. Damit erhält man:

$$h\colon \vec{x} = \vec{p} + r \cdot \vec{n}$$

Somit gilt: $h \perp g$ und $h \perp E$.

Geometrie G 6

Vorbereitungszeit: 20 Minuten, erlaubte Hilfsmittel: Taschenrechner (WTR)

Gegeben ist die Ebene E durch die Gleichung

$$E\colon x_1 + 3x_2 = 6$$

a) Prüfen Sie, ob die Gerade durch die Punkte $Q\,(3 \mid 1 \mid 5)$ und $R\,(6 \mid 0 \mid 6)$ in E liegt.

b) Erläutern Sie anhand einer Skizze die besondere Lage von E.

c) Bestimmen Sie denjenigen Punkt P auf E, der vom Punkt $A(-1 \mid 9 \mid 3)$ den kürzesten Abstand hat.

d) Die Gerade g geht durch A, ist parallel zu E und parallel zur Ebene F mit der Gleichung

$$F\colon x_3 = 3$$

Erläutern Sie, wie man eine Gleichung von g bestimmen kann.

Tipps G 6

a) Machen Sie Punktproben: Setzen Sie die Koordinaten von Q und R in E ein.
Alternativ könnten Sie auch die Gleichung der Geraden durch Q und R aufstellen und den allgemeinen Punkt P_t dieser Geraden in die Gleichung von E einsetzen. Bei einer wahren Aussage liegt die Gerade in E.

b) Die Spurpunkte von E erhalten Sie, indem Sie jeweils zwei Koordinaten gleich Null setzen und in die Ebenengleichung einsetzen. Bei einem Widerspruch existiert kein Spurpunkt und E ist parallel zu einer Achse.

c) Skizzieren Sie die Problemstellung. Stellen Sie eine Lotgerade l durch A mit Richtungsvektor $\vec{u} = \vec{n}$ von E auf und schneiden Sie l und E, indem Sie einen allgemeinen Punkt P_t von l in E einsetzen. Lösen Sie die Gleichung nach t auf und setzen Sie den erhaltenen t-Wert in P_t ein.

d) Skizzieren Sie die Problemstellung.
Verwenden Sie den Ansatz $g: \vec{x} = \vec{a} + r \cdot \vec{v}$. Überlegen Sie, welche Bedingungen der Richtungsvektor $\vec{v}$ von g erfüllen muss, wenn g parallel zur Ebene E und auch parallel zur Ebene F ist.

Lösungen G 6

a) Um zu prüfen, ob die Gerade durch die Punkte Q(3 | 1 | 5) und R(6 | 0 | 6) in E liegt, macht man Punktproben. Dazu setzt man die Koordinaten von Q und R in die Koordinatengleichung E: $x_1 + 3x_2 = 6$ ein:

$$3+3\cdot 1=6 \Leftrightarrow 6=6 \Rightarrow Q\in E$$

$$6+3\cdot 0=6 \Leftrightarrow 6=6 \Rightarrow R\in E$$

Aufgrund der wahren Aussagen liegen Q und R und damit auch die Gerade durch Q und R in E.

Alternativ könnte man auch die Gleichung der Geraden durch Q und R aufstellen und den allgemeinen Punkt P_t dieser Geraden in die Gleichung von E einsetzen. Bei einer wahren Aussage liegt die Gerade in E.

b) Den Schnittpunkt von E mit der x_1-Achse erhält man, indem man $x_2 = 0$ und $x_3 = 0$ in E einsetzt:

$$x_1+3\cdot 0=6 \Rightarrow x_1=6 \Rightarrow S_1(6\,|\,0\,|\,0)$$

Den Schnittpunkt von E mit der x_2-Achse erhält man, indem man $x_1 = 0$ und $x_3 = 0$ in E einsetzt:

$$0+3x_2=6 \Rightarrow x_2=2 \Rightarrow S_2(0\,|\,2\,|\,0)$$

Den Schnittpunkt von E mit der x_3-Achse erhält man, indem man $x_1 = 0$ und $x_2 = 0$ in E einsetzt:

$$0+3\cdot 0=6 \Rightarrow 0=6$$

Aufgrund des Widerspruchs gibt es keinen Spurpunkt S_3, somit ist E parallel zur x_3-Achse.

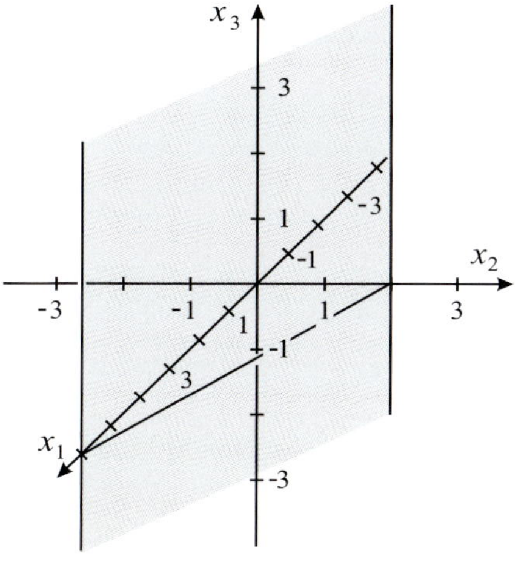

c) Mit einer Skizze kann man die Situation veranschaulichen:

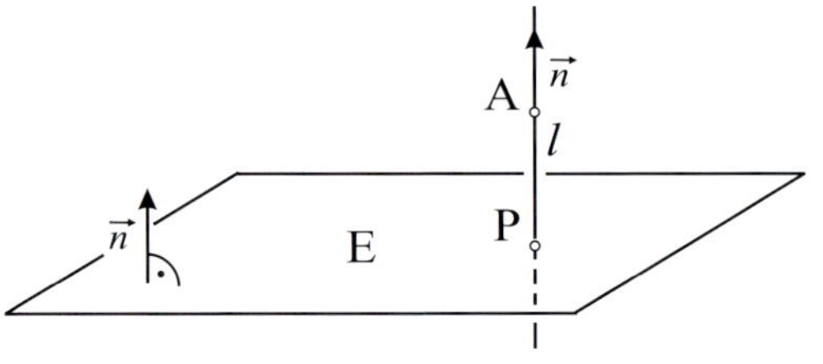

Um denjenigen Punkt P auf E zu bestimmen, der vom Punkt $A(-1 \mid 9 \mid 3)$ den kürzesten Abstand hat, stellt man eine Lotgerade l durch A auf, die senkrecht zu E verläuft. Als Richtungsvektor von l verwendet man den Normalenvektor $\vec{n}$ von E. Damit ergibt sich:

$$l: \vec{x} = \begin{pmatrix} -1 \\ 9 \\ 3 \end{pmatrix} + t \cdot \begin{pmatrix} 1 \\ 3 \\ 0 \end{pmatrix}, \ t \in \mathbb{R}$$

Anschließend berechnet man den Schnittpunkt von l und E. Dazu setzt man einen allgemeinen Punkt $P_t(-1+t \mid 9+3t \mid 3)$ von l in die Koordinatengleichung von E ein:

$$-1 + t + 3 \cdot (9 + 3t) = 6 \ \Rightarrow \ t = -2$$

Setzt man $t = -2$ in P_t ein, erhält man: $P(-3 \mid 3 \mid 3)$.

d) Als Ansatz für eine Gleichung von g verwendet man $\vec{a}$ als Stützvektor und einen noch unbestimmten Richtungsvektor $\vec{v}$:

$$g: \vec{x} = \vec{a} + r \cdot \vec{v}$$

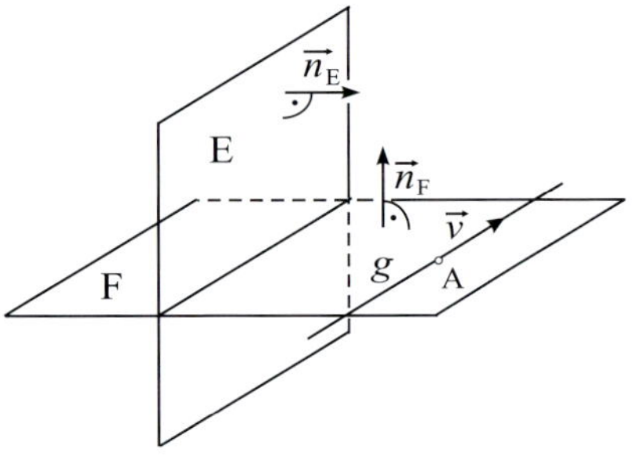

Da g parallel zu E und zu F ist, ist $\vec{v}$ orthogonal zu den jeweiligen Normalenvektoren. Somit erhält man $\vec{v}$ mithilfe des Vektorprodukts:

$$\vec{v} = \vec{n_E} \times \vec{n_F}$$

Damit gilt: $g \parallel E$ und $g \parallel F$.

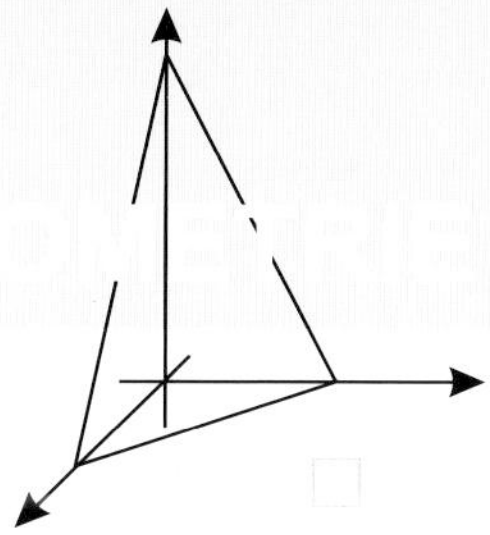

Geometrie G 7

Vorbereitungszeit: 20 Minuten, erlaubte Hilfsmittel: Taschenrechner (WTR)

Gegeben sind die Punkte A (2 | 1 | 3) und B (2 | 5 | 3) sowie die Gerade g mit der Gleichung:

$$g: \vec{x} = \begin{pmatrix} 5 \\ 3 \\ 5 \end{pmatrix} + r \cdot \begin{pmatrix} 1 \\ 0 \\ 0 \end{pmatrix}; \; r \in \mathbb{R}$$

Die Ebene E enthält die Punkte A und B und verläuft parallel zu g.

a) Zeigen Sie, dass weder A noch B auf g liegen.
Bestimmen Sie eine Parametergleichung von E.

b) Erläutern Sie, wie man den Abstand von g zu E bestimmen kann.

c) Der Punkt T liegt auf der Geraden g und bildet zusammen mit den Punkten A und B ein bei T rechtwinkliges Dreieck.
Bestimmen Sie die Koordinaten von T.

d) Das Dreieck ABT rotiert um die Strecke BT.
Beschreiben Sie, wie man das Volumen des zugehörigen Rotationskörpers bestimmen kann.

Tipps G 7

a) Setzen Sie die Koordinaten von A und B jeweils in die Gleichung von g ein. Bei einem Widerspruch liegen die Punkte nicht auf g.
Skizzieren Sie die Problemstellung. Bestimmen Sie einen Stützvektor, z. B. den Ortsvektor von A, und die beiden Spannvektoren: $\overrightarrow{AB}$ und $\vec{u}$ (Richtungsvektor von g). Stellen Sie die Gleichung von E in Parameterform auf.

b) Den Abstand von g zu E erhalten Sie mithilfe des Lotfußpunktverfahrens, indem Sie den Abstand des Stützpunktes P von g zur Ebene E bestimmen. Skizzieren Sie die Problemstellung und überlegen Sie, welche Gerade Sie aufstellen müssen und welchen Schnittpunkt S Sie berechnen müssen, um schließlich den Abstand zweier Punkte zu bestimmen.

c) Skizzieren Sie die Problemstellung. Verwenden Sie für die nächsten Schritte einen allgemeinen Punkt $T_r\,(5+r \mid 3 \mid 5)$ von g.
Damit A, B und T ein bei T rechtwinkliges Dreieck bilden, muss das Skalarprodukt der Verbindungsvektoren $\overrightarrow{T_rA}$ und $\overrightarrow{T_rB}$ Null sein. Stellen Sie eine Gleichung auf und lösen Sie diese nach r auf.

d) Skizzieren Sie die Problemstellung. Beachten Sie, dass dabei ein Kegel mit Volumen $V = \frac{1}{3} \cdot \pi \cdot r^2 \cdot h$ entsteht. Bestimmen Sie r und h.

Lösungen G 7

a) Um zu zeigen, dass weder A noch B auf g liegen, macht man Punktproben: Dazu setzt man die Koordinaten von A und B in g ein:

$$\begin{pmatrix}2\\1\\3\end{pmatrix}=\begin{pmatrix}5\\3\\5\end{pmatrix}+r\cdot\begin{pmatrix}1\\0\\0\end{pmatrix}\Rightarrow\begin{array}{lcccl}\text{I} & 2 & = & 5 & +\ r\\ \text{II} & 1 & = & 3 & \\ \text{III} & 3 & = & 5 & \end{array}$$

$$\begin{pmatrix}2\\5\\3\end{pmatrix}=\begin{pmatrix}5\\3\\5\end{pmatrix}+r\cdot\begin{pmatrix}1\\0\\0\end{pmatrix}\Rightarrow\begin{array}{lcccl}\text{I} & 2 & = & 5 & +\ r\\ \text{II} & 5 & = & 3 & \\ \text{III} & 3 & = & 5 & \end{array}$$

Aufgrund der Widersprüche in den Zeilen II und III liegen weder A noch B auf g.

Als Stützvektor von E verwendet man den Ortsvektor $\vec{a}=\begin{pmatrix}2\\1\\3\end{pmatrix}$.

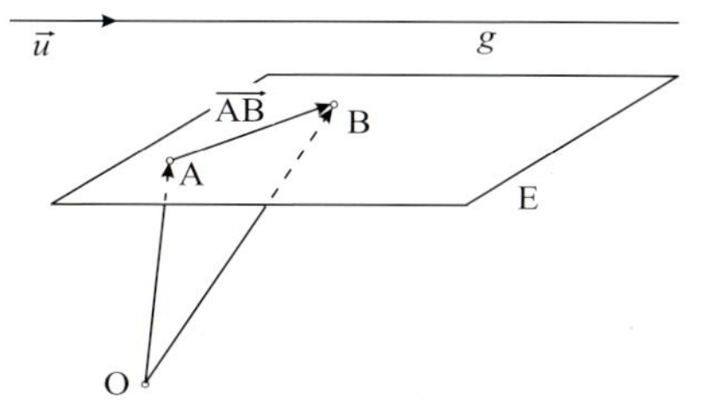

Als Spannvektoren verwendet man $\overrightarrow{AB}=\begin{pmatrix}0\\4\\0\end{pmatrix}$ und $\vec{u}=\begin{pmatrix}1\\0\\0\end{pmatrix}$, den Richtungsvektor von g. Damit erhält man eine Parametergleichung von E:

$$E\colon \vec{x}=\begin{pmatrix}2\\1\\3\end{pmatrix}+s\cdot\begin{pmatrix}0\\4\\0\end{pmatrix}+t\cdot\begin{pmatrix}1\\0\\0\end{pmatrix};\ s,t\in\mathbb{R}$$

b) Den Abstand von g zu E erhält man mithilfe des Lotfußpunktverfahrens, indem man den Abstand des Stützpunktes P von g zur Ebene E bestimmt.

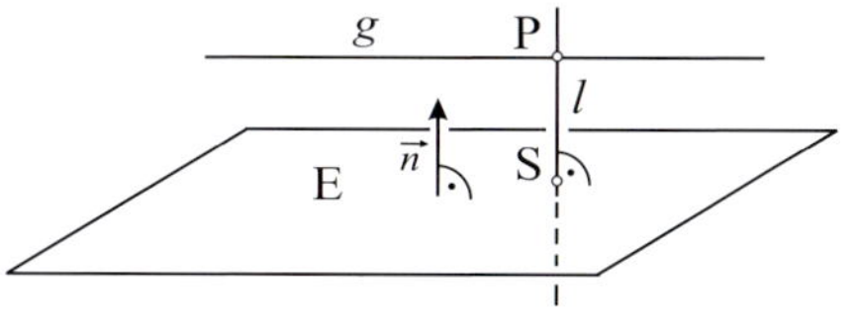

Dazu stellt man eine Lotgerade l durch P auf, die senkrecht zu E verläuft. Als Richtungsvektor von l verwendet man den Normalenvektor $\vec{n}$ von E. Damit ergibt sich:

$$l\colon \vec{x}=\vec{p}+t\cdot\vec{n}$$

Anschließend berechnet man den Schnittpunkt S von l und E.

Der Abstand von g zu E ist der Abstand von P zu S, den man mithilfe des Betrags des Verbindungsvektors von P zu S erhält:

$$d(g;E) = d(P;S) = |\overrightarrow{PS}|$$

c) Da der Punkt T auf $g: \vec{x} = \begin{pmatrix} 5 \\ 3 \\ 5 \end{pmatrix} + r \cdot \begin{pmatrix} 1 \\ 0 \\ 0 \end{pmatrix}$ liegt, hat er die allgemeine Darstellung $T_r\,(5+r \mid 3 \mid 5)$.

Damit A, B und T ein bei T rechtwinkliges Dreieck bilden, muss das Skalarprodukt der Verbindungsvektoren $\overrightarrow{T_rA}$ und $\overrightarrow{T_rB}$ Null sein:

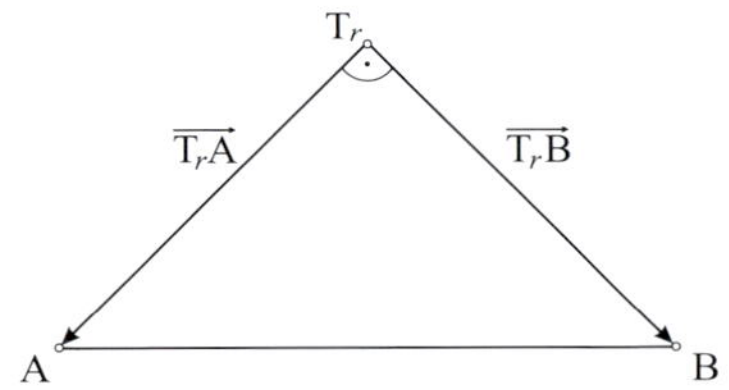

$$\overrightarrow{T_rA} \cdot \overrightarrow{T_rB} = 0$$

$$\begin{pmatrix} -3-r \\ -2 \\ -2 \end{pmatrix} \cdot \begin{pmatrix} -3-r \\ 2 \\ -2 \end{pmatrix} = 0$$

$$(-3-r)^2 - 4 + 4 = 0$$

$$(-3-r)^2 = 0$$

$$r = -3$$

Setzt man $r = -3$ in T_r ein, so erhält man die Koordinaten des gesuchten Punktes: $T\,(2 \mid 3 \mid 5)$.

d) Wenn das Dreieck ABT um die Strecke BT rotiert, entsteht ein Kegel mit Radius $r = |\overrightarrow{AT}|$ und Höhe $h = |\overrightarrow{BT}|$. Das Volumen V eines Kegels berechnet man mithilfe der Formel

$$V = \frac{1}{3} \cdot \pi \cdot r^2 \cdot h$$

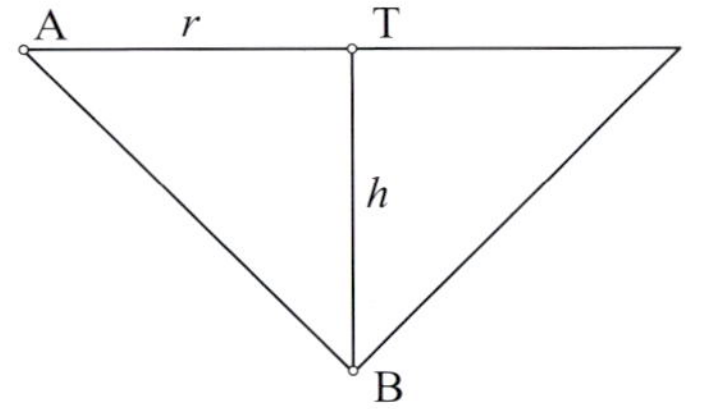

Geometrie G 8

Vorbereitungszeit: 20 Minuten, erlaubte Hilfsmittel: Taschenrechner (WTR)

An einer rechteckigen Platte mit den Eckpunkten A(10 | 6 | 0), B(0 | 6 | 0), C(0 | 0 | 3) und D(10 | 0 | 3) ist im Punkt F(5 | 6 | 0) ein 2 m langer Stab befestigt, der in positive x_3-Richtung zeigt. (Koordinatenangaben in m).
Eine punktförmige Lichtquelle befindet sich im Punkt L(8 | 10 | 2).

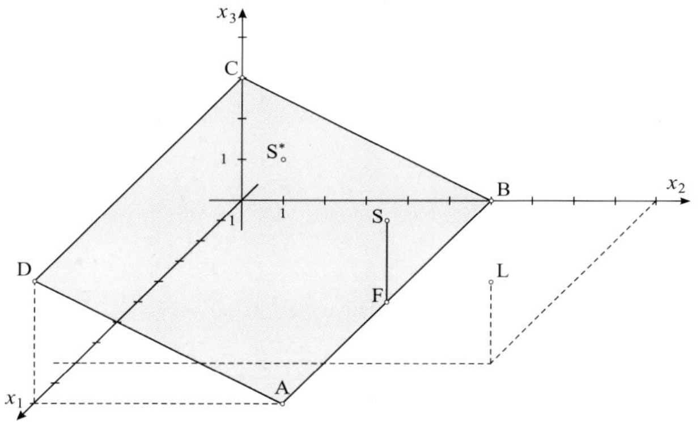

a) Begründen Sie, dass die Platte in der Ebene E mit der Gleichung E: $x_2 + 2x_3 = 6$ liegt.

b) Bestimmen Sie einen Rechenausdruck für den Winkel zwischen dem Stab und der Platte.

c) Der Stab wirft einen Schatten auf die Platte.
Bestimmen Sie den Schattenpunkt des oberen Endes des Stabes.

d) Erläutern Sie, wie man begründen kann, dass der Schatten vollständig auf der Platte liegt.

Tipps G 8

a) Um zu begründen, dass die Platte in der Ebene E liegt, setzen Sie die Koordinaten von A, B, C und D in E ein. Bei wahren Aussagen liegen die Punkte in E.

b) Einen Rechenausdruck für den Winkel α zwischen dem Stab und der Platte erhalten Sie mit der Formel $\sin(\alpha) = \frac{|\vec{n} \cdot \vec{u}|}{|\vec{n}| \cdot |\vec{u}|}$, wobei $\vec{n}$ ein Normalenvektor von E und $\vec{u}$ ein Richtungsvektor der Geraden ist, auf welcher der Stab liegt.

c) Bestimmen Sie die Koordinaten des Punktes S des oberen Endes des Stabes.
Den Schattenpunkt S^* des oberen Endes des Stabes auf der Platte erhalten Sie, indem Sie die Gerade g durch die Punkte S und L aufstellen und mit der Ebene E, in der die Platte liegt, schneiden. Setzen Sie dazu den allgemeinen Punkt P_t von g in die Koordinatengleichung von E ein und lösen Sie die Gleichung nach t auf. Anschließend setzen Sie den erhaltenen t-Wert in P_t ein.

d) Um zu begründen, dass der Schatten vollständig auf der Platte liegt, prüfen Sie, ob das untere Ende des Stabes auf der Platte liegt und anhand von Koordinatenvergleichen, ob der Schattenpunkt S^* auf der Platte liegt.

Lösungen G 8

a) Um zu begründen, dass die Platte in der Ebene E: $x_2 + 2x_3 = 6$ liegt, setzt man die Koordinaten von A (10 | 6 | 0), B (0 | 6 | 0), C (0 | 0 | 3) und D (10 | 0 | 3) in E ein:

$$6 + 2 \cdot 0 = 6 \Rightarrow 6 = 6 \Rightarrow \mathrm{A} \in \mathrm{E}$$
$$6 + 2 \cdot 0 = 6 \Rightarrow 6 = 6 \Rightarrow \mathrm{B} \in \mathrm{E}$$
$$0 + 2 \cdot 3 = 6 \Rightarrow 6 = 6 \Rightarrow \mathrm{C} \in \mathrm{E}$$
$$0 + 2 \cdot 3 = 6 \Rightarrow 6 = 6 \Rightarrow \mathrm{D} \in \mathrm{E}$$

b) Einen Rechenausdruck für den Winkel α zwischen dem Stab und der Platte erhält man mit der Formel

$$\sin(\alpha) = \frac{|\vec{n} \cdot \vec{u}|}{|\vec{n}| \cdot |\vec{u}|}$$

wobei $\vec{n} = \begin{pmatrix} 0 \\ 1 \\ 2 \end{pmatrix}$ ein Normalenvektor von E und $\vec{u} = \begin{pmatrix} 0 \\ 0 \\ 1 \end{pmatrix}$ ein Richtungsvektor der Geraden ist, auf der der Stab liegt.

Damit erhält man:

$$\sin(\alpha) = \frac{|\vec{n} \cdot \vec{u}|}{|\vec{n}| \cdot |\vec{u}|} = \frac{\left| \begin{pmatrix} 0 \\ 1 \\ 2 \end{pmatrix} \cdot \begin{pmatrix} 0 \\ 0 \\ 1 \end{pmatrix} \right|}{\left| \begin{pmatrix} 0 \\ 1 \\ 2 \end{pmatrix} \right| \cdot \left| \begin{pmatrix} 0 \\ 0 \\ 1 \end{pmatrix} \right|} = \frac{|0 \cdot 0 + 1 \cdot 0 + 2 \cdot 1|}{\sqrt{0^2 + 1^2 + 2^2} \cdot \sqrt{0^2 + 0^2 + 1^2}} = \frac{2}{\sqrt{5}}$$

c) Das obere Ende des Stabes hat die Koordinaten S (5 | 6 | 2).

Den Schattenpunkt S* des oberen Endes des Stabes auf der Platte erhält man, indem man die Gerade g durch die Punkte S und L aufstellt und mit der Ebene E, in der die Platte liegt, schneidet. Die Gerade g hat die Gleichung:

$$g\colon \vec{x} = \vec{s} + t \cdot \overrightarrow{\mathrm{SL}}$$

$$g\colon \vec{x} = \begin{pmatrix} 5 \\ 6 \\ 2 \end{pmatrix} + t \cdot \begin{pmatrix} 3 \\ 4 \\ 0 \end{pmatrix}$$

Den Schnittpunkt S* von g und E erhält man, indem man den allgemeinen Punkt

$$\mathrm{P}_t\,(5 + 3t \mid 6 + 4t \mid 2)$$

in die Koordinatengleichung von E: $x_2 + 2x_3 = 6$ einsetzt:

$$6 + 4t + 2 \cdot 2 = 6 \Rightarrow t = -1$$

Setzt man $t = -1$ in P_t ein, ergibt sich: $S^* (2 \mid 2 \mid 2)$.
Der Schattenpunkt des oberen Endes des Stabes hat die Koordinaten $S^* (2 \mid 2 \mid 2)$.

d) Um zu begründen, dass der Schatten vollständig auf der Platte liegt, kann man sich Folgendes überlegen:
Das untere Ende des Stabes, also der Punkt F, liegt auf der Platte, da er der Mittelpunkt der Eckpunkte A und B ist.
Der Punkt $S^* (2 \mid 2 \mid 2)$ liegt auf der Platte, da die x_1-Koordinate von S^* zwischen den x_1-Koordinaten der Eckpunkte A und B liegt, die x_2-Koordinate von S^* zwischen den x_2-Koordinaten der Eckpunkte B und C liegt und die x_3-Koordinate von S^* zwischen den x_3-Koordinaten der Eckpunkte A und D bzw. B und C liegt.
Damit liegt der gesamte Schatten des Stabes von F zu S^* auf der Platte.

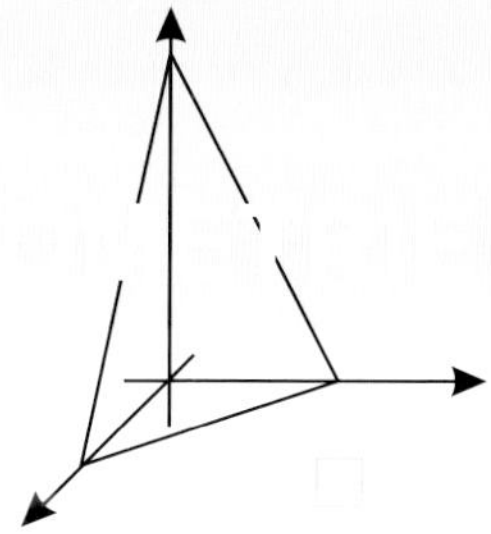

Vorbereitungszeit: 20 Minuten, erlaubte Hilfsmittel: Taschenrechner (WTR)

Gegeben sind die Punkte A $(-3 \mid 1 \mid 2)$, B $(1 \mid -3 \mid 4)$, C $(3 \mid -2 \mid 2)$ und S $(9 \mid 9 \mid -4)$.
Die Punkte A, B und C liegen in der Ebene E mit der Gleichung

$$\text{E}: x_1 + 2x_2 + 2x_3 = 3$$

a) Zeigen Sie, dass das Dreieck ABC rechtwinklig, aber nicht gleichschenklig ist. Bestimmen Sie die Koordinaten des Punktes D so, dass das Viereck ABCD ein Rechteck ist.

b) Erläutern Sie, wie man das Volumen der Pyramide ABCDS bestimmen kann.

c) Die Ebene F enthält den Punkt S und alle Spitzen von Pyramiden, welche dieselbe Grundfläche und das gleiche Volumen wie die Pyramide ABCDS haben. Bestimmen Sie eine Koordinatengleichung von F.

d) Ein Laserstrahl hat die Richtung $\begin{pmatrix} -6 \\ 6 \\ 8 \end{pmatrix}$ und geht durch den Punkt $R(15 \mid 3 \mid -12)$.

Beschreiben Sie ein Verfahren, mit dem man bestimmen kann, ob der Laserstrahl die Pyramide trifft.

Tipps G 9

a) Um zu bestimmen, ob das Dreieck ABC rechtwinklig ist, berechnen Sie das Skalarprodukt von je zwei Verbindungsvektoren. Falls das Ergebnis Null ergibt, liegt ein rechter Winkel vor. Bestimmen Sie die Länge der Seiten des Dreiecks, indem Sie die Beträge der entsprechenden Verbindungsvektoren berechnen. Falls zwei Seiten gleich lang sind, ist das Dreieck ABC gleichschenklig. Den Punkt D erhalten Sie durch Aufstellen einer geeigneten Vektorkette.

b) Zur Bestimmung des Volumens der Pyramide verwenden Sie die Formel $V = \frac{1}{3} \cdot G \cdot h$.
G ist die Grundfläche (Rechtecksfläche), h ist der Abstand von S zu E. Diesen erhalten Sie mithilfe des Lotfußpunktverfahrens. Überlegen Sie, welchen Richtungsvektor die Lotgerade l haben muss.

c) Überlegen Sie, wie die Ebene F bezüglich der Ebene E liegt und setzen Sie den Punkt S in eine geeignete Koordinatenform ein.

d) Bestimmen Sie die Gleichung des Laserstrahls und überlegen Sie, welche Gleichungen Sie benötigen, um gemeinsame Punkte des Laserstrahls und der Pyramide zu ermitteln. Überlegen Sie, wie man mithilfe einer Vektorkette prüfen kann, ob ein Punkt innerhalb eines Dreiecks liegt.

Lösungen G 9

a) Um zu zeigen, dass das Dreieck ABC rechtwinklig ist, bestimmt man das Skalarprodukt der Verbindungsvektoren der Seiten. Es ist

$$\overrightarrow{AB} \cdot \overrightarrow{BC} = \begin{pmatrix} 4 \\ -4 \\ 2 \end{pmatrix} \cdot \begin{pmatrix} 2 \\ 1 \\ -2 \end{pmatrix} = 4 \cdot 2 + (-4) \cdot 1 + 2 \cdot (-2) = 8 - 4 - 4 = 0$$

daher ist das Dreieck ABC rechtwinklig (bei B).

Die Seitenlängen sind:

$\overline{AB} = \sqrt{4^2 + (-4)^2 + 2^2} = 6$

$\overline{AC} = \sqrt{6^2 + (-3)^2 + 0^2} = \sqrt{45}$

$\overline{BC} = \sqrt{2^2 + 1^2 + (-2)^2} = 3$, daher ist

das Dreieck ABC nicht gleichschenklig.

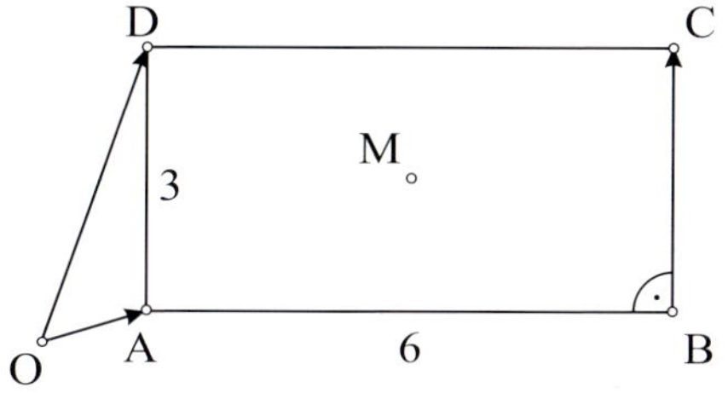

Für den Ortsvektor von D gilt folgende Vektorkette:

$$\overrightarrow{OD} = \overrightarrow{OA} + \overrightarrow{BC} = \begin{pmatrix} -3 \\ 1 \\ 2 \end{pmatrix} + \begin{pmatrix} 2 \\ 1 \\ -2 \end{pmatrix} = \begin{pmatrix} -1 \\ 2 \\ 0 \end{pmatrix} \Rightarrow D(-1 \mid 2 \mid 0)$$

b) Das Volumen V der Pyramide ist $V = \frac{1}{3} \cdot G \cdot h$. Für die Grundfläche G der Pyramide gilt:

$$G = \overline{AB} \cdot \overline{BC} = 6 \cdot 3 = 18$$

Die Höhe h der Pyramide ist der Abstand d von S zu E. Diesen erhält man mithilfe des Lotfußpunktverfahrens: Dazu stellt man eine Lotgerade l auf, die durch S geht und orthogonal zur Ebene E ist. Als Richtungsvektor von l wählt man den Normalenvektor von E. Damit hat l folgende Gleichung:

$$l: \vec{x} = \vec{s} + t \cdot \vec{n}$$

Anschließend berechnet man den Schnittpunkt F von l und der Ebene E und berechnet den Betrag des Verbindungsvektors von S zu F: $d = |\overrightarrow{SF}|$.
Damit gilt für das Volumen der Pyramide: $V = \frac{1}{3} \cdot \overline{AB} \cdot \overline{BC} \cdot |\overrightarrow{SF}|$

c) Damit das Volumen der Pyramiden gleich groß ist, muss die Pyramidenhöhe gleich groß sein. Also muss die Ebene F durch den Punkt S verlaufen und parallel zur Ebene E sein, so dass man für F den Normalenvektor von E verwenden kann.

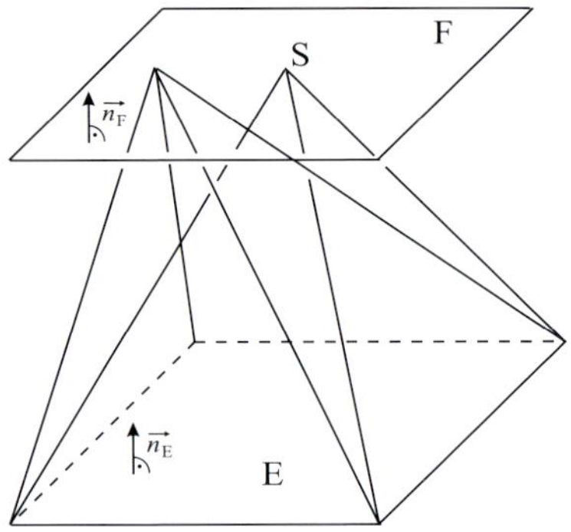

Als Ansatz für F kann man die folgende Koordinatengleichung verwenden:

$$F\colon\ x_1 + 2x_2 + 2x_3 = d$$

Setzt man die Koordinaten des Punktes S in die Ebenengleichung $x_1 + 2x_2 + 2x_3 = d$ ein, ergibt sich:

$$9 + 2 \cdot 9 + 2 \cdot (-4) = d \ \Rightarrow\ d = 19$$

Die Ebene F hat damit die Koordinatengleichung F: $x_1 + 2x_2 + 2x_3 = 19$.

d) Der Laserstrahl hat die Gleichung

$$l : \vec{x} = \begin{pmatrix} 15 \\ 3 \\ -12 \end{pmatrix} + t \cdot \begin{pmatrix} -6 \\ 6 \\ 8 \end{pmatrix}$$

Um zu prüfen, ob der Laserstrahl die Pyramide trifft, schneidet man l mit den Ebenen, in denen die Seitenflächen der Pyramide liegen. Dazu stellt man jeweils mit drei Punkten die entsprechenden Koordinatengleichungen auf und setzt den allgemeinen Punkt von l in diese ein. Anschließend prüft man noch, ob die Schnittpunkte in den jeweiligen Dreiecken liegen.

Geometrie G 10

Vorbereitungszeit: 20 Minuten, erlaubte Hilfsmittel: Taschenrechner (WTR)

Gegeben sind die Gerade g mit der Gleichung:

$$g: \vec{x} = \begin{pmatrix} 1 \\ 1 \\ 0 \end{pmatrix} + t \cdot \begin{pmatrix} 2 \\ -1 \\ 2 \end{pmatrix}$$

und die Ebene E mit der Gleichung:

$$\text{E}: 4x_1 - 2x_2 + 4x_3 = 11$$

.

a) Prüfen Sie, ob der Punkt $A(3 \mid 0 \mid 2)$ auf g liegt.
Zeigen Sie, dass die Gerade g orthogonal zur Ebene E ist.

b) Bestimmen Sie die Koordinaten des Punktes P der Ebene E, der vom Punkt A den kleinsten Abstand hat.

c) Erläutern Sie ein Verfahren, wie man die Koordinaten eines Punktes Q bestimmen kann, der auf g liegt und doppelt so weit von der Ebene E wie vom Punkt A entfernt ist.

d) In der Ebenengleichung von E wird der Koeffizient -2 durch eine reelle Zahl a ersetzt. Man erhält $\text{E}_a: 4x_1 + ax_2 + 4x_3 = 11$.
Ermitteln Sie denjenigen Wert von a, für den g parallel zu E_a ist.

Tipps G 10

a) Machen Sie eine Punktprobe: Setzen Sie die Koordinaten von A in g ein.
Skizzieren Sie die Problemstellung. Betrachten Sie den Richtungsvektor $\vec{u}$ von g und den Normalenvektor $\vec{n}$ von E. Falls die beiden Vektoren Vielfache voneinander sind, ist g orthogonal zu E.

b) Skizzieren Sie die Problemstellung. Schneiden Sie die Gerade g mit E, indem Sie den allgemeinen Punkt P_t von g in E einsetzen.

c) Skizzieren Sie die Problemstellung. Beachten Sie, dass es zwei Punkte Q_1 und Q_2 auf g gibt, die doppelt so weit von der Ebene E wie vom Punkt A entfernt sind. Stellen Sie Vektorketten auf.

d) Skizzieren Sie die Problemstellung. Beachten Sie, dass die Gerade g parallel zu E_a ist, wenn das Skalarprodukt des Richtungsvektors $\vec{u}$ von g und des Normalenvektors $\overrightarrow{n_a}$ von E_a Null ergibt. Stellen Sie eine Gleichung auf und lösen Sie diese nach a auf.

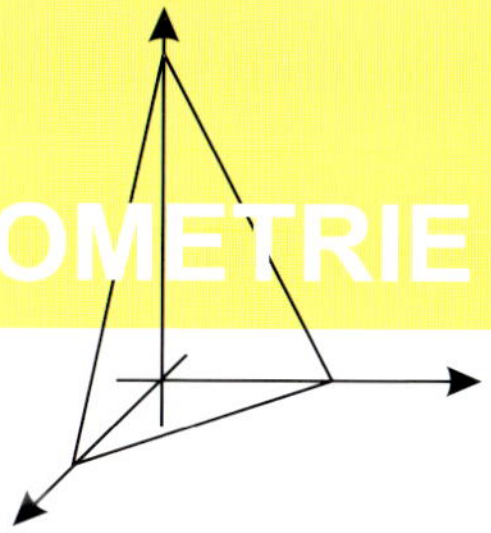

Lösungen G 10

a) Um zu prüfen, ob der Punkt A(3 | 0 | 2) auf g liegt, macht man eine Punktprobe: Dazu setzt man die Koordinaten von A in g ein:

$$\begin{pmatrix} 3 \\ 0 \\ 2 \end{pmatrix} = \begin{pmatrix} 1 \\ 1 \\ 0 \end{pmatrix} + t \cdot \begin{pmatrix} 2 \\ -1 \\ 2 \end{pmatrix} \Rightarrow \begin{array}{llcllll} \text{I} & 3 & = & 1 + 2t & \Rightarrow & t & = 1 \\ \text{II} & 0 & = & 1 - t & \Rightarrow & t & = 1 \\ \text{III} & 2 & = & 0 + 2t & \Rightarrow & t & = 1 \end{array}$$

Wegen $t = 1$ liegt A auf g.

Um zu zeigen, dass die Gerade g orthogonal zur Ebene E ist, betrachtet man den Richtungsvektor $\vec{u} = \begin{pmatrix} 2 \\ -1 \\ 2 \end{pmatrix}$ von g und den Normalenvektor $\vec{n} = \begin{pmatrix} 4 \\ -2 \\ 4 \end{pmatrix}$ von E.

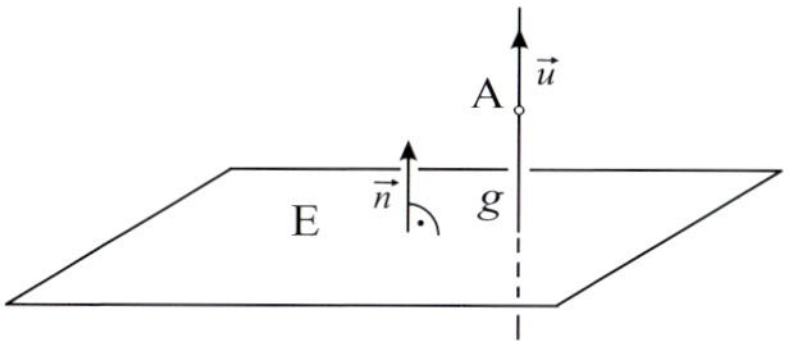

Wegen $\vec{n} = 2 \cdot \vec{u}$ sind die beiden Vektoren Vielfache voneinander, so dass g orthogonal zu E ist.

b) Die Koordinaten des Punktes P der Ebene E, der vom Punkt A den kleinsten Abstand hat, erhält man, indem man die Gerade g mit E schneidet, da g die Lotgerade von A auf E ist:

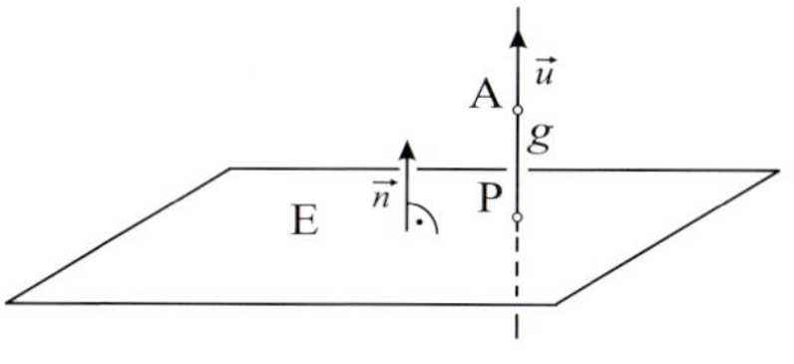

Setzt man den allgemeinen Punkt $P_t(1+2t \mid 1-t \mid 2t)$ von g in E ein, ergibt sich:

$$4 \cdot (1+2t) - 2 \cdot (1-t) + 4 \cdot (2t) = 11 \Rightarrow t = \frac{1}{2}$$

Setzt man $t = \frac{1}{2}$ in P_t ein, erhält man die Koordinaten $P\left(2 \mid \frac{1}{2} \mid 1\right)$.

c) Die Punkte Q_1 und Q_2 auf g sind doppelt so weit von der Ebene E wie vom Punkt A entfernt.

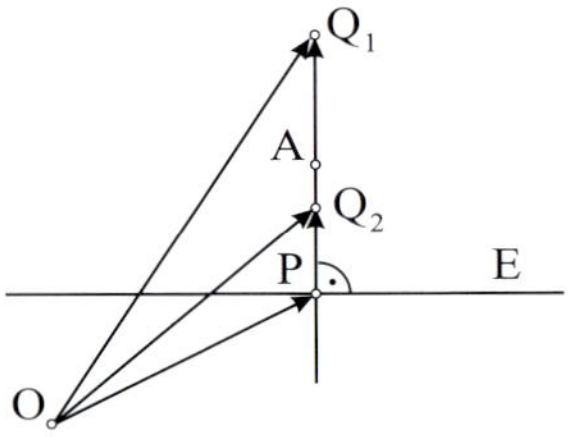

Der Punkt Q_1 ist von A gleich weit entfernt wie A von P bzw. E.
Der Punkt Q_2 liegt zwischen P und A und teilt die Strecke AP im Verhältnis 2:1.
Damit erhält man die Ortsvektoren von Q_1 und Q_2 mithilfe von Vektorketten:

$$\overrightarrow{OQ_1} = \overrightarrow{OP} + 2 \cdot \overrightarrow{PA}$$
$$\overrightarrow{OQ_2} = \overrightarrow{OP} + \frac{2}{3} \cdot \overrightarrow{PA}$$

d) Die Gerade g ist parallel zu

$$E_a: 4x_1 + ax_2 + 4x_3 = 11$$

wenn das Skalarprodukt des Richtungsvektors $\vec{u} = \begin{pmatrix} 2 \\ -1 \\ 2 \end{pmatrix}$ von g und des Normalenvektors $\overrightarrow{n_a} = \begin{pmatrix} 4 \\ a \\ 4 \end{pmatrix}$ von E_a Null ergibt:

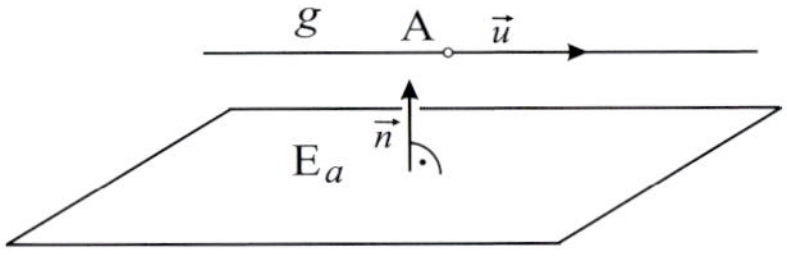

$$\begin{pmatrix} 2 \\ -1 \\ 2 \end{pmatrix} \cdot \begin{pmatrix} 4 \\ a \\ 4 \end{pmatrix} = 0 \Rightarrow 2 \cdot 4 + (-1) \cdot a + 2 \cdot 4 = 0 \Rightarrow 8 - a + 8 = 0 \Rightarrow a = 16$$

Also ist die Gerade g für $a = 16$ parallel zu E_a.

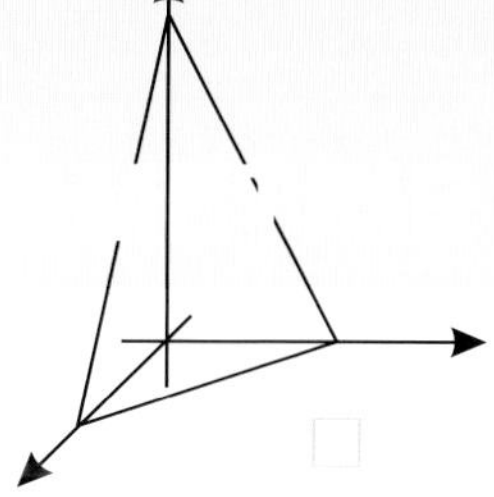

Geometrie G 11

Vorbereitungszeit: 20 Minuten, erlaubte Hilfsmittel: Taschenrechner (WTR)

Gegeben ist die Ebene E durch die Gleichung E: $2x_1 + 3x_3 = 12$.

a) Bestimmen Sie die Schnittpunkte von E mit den Koordinatenachsen und erläutern Sie anhand einer Skizze die besondere Lage von E.

b) Bestimmen Sie die Gleichung einer Ebene F, die orthogonal zu E und parallel zur x_2-Achse ist.

Gegeben sind die Punkte A $(0 \mid 0 \mid 2)$ und B $(0 \mid 0 \mid 4)$.
Ein Punkt C erfüllt folgende Bedingungen:

(1) $\overrightarrow{AB} \cdot \overrightarrow{AC} = 0$

(2) $\frac{1}{2} \cdot \mid \overrightarrow{AB} \mid \cdot \mid \overrightarrow{AC} \mid = 6$

c) Interpretieren Sie die Bedingungen (1) und (2) geometrisch.

d) Ein Punkt C hat die Koordinaten C $(c \mid c \mid 2)$ mit $c > 0$.
Erläutern Sie, wie man einen Wert von c bestimmen kann, so dass die Bedingungen (1) und (2) erfüllt sind.

Tipps G 11

a) Die Spurpunkte von E erhalten Sie, indem Sie jeweils zwei Koordinaten gleich Null setzen und in die Ebenengleichung einsetzen.

b) Als Ansatz für den Normalenvektor von F verwenden Sie: $\vec{n}_F = \vec{n}_E \times \vec{u}$ mit $\vec{u}$ als Richtungsvektor der x_2-Achse.

c) (1) Beachten Sie, dass das Skalarprodukt gleich Null ist.

(2) Beachten Sie, dass eine Dreiecksfläche berechnet wird.
Skizzieren Sie das Dreieck ABC.

d) Setzen Sie in Gleichung (1) die Vektoren $\overrightarrow{AB}$ und $\overrightarrow{AC}$ und in Gleichung (2) die Werte von $|\overrightarrow{AB}|$ und $|\overrightarrow{AC}|$ in Abhängigkeit von c ein.

Lösungen G 11

a) Den Schnittpunkt von E mit der x_3-Achse erhält man, indem man $x_1 = 0$ und $x_2 = 0$ in E einsetzt:

$$2 \cdot 0 + 3x_3 = 12 \Rightarrow x_3 = 4 \Rightarrow \mathrm{S}_3(0 \mid 0 \mid 4)$$

Den Schnittpunkt von E mit der x_1-Achse erhält man, indem man $x_2 = 0$ und $x_3 = 0$ in E einsetzt:

$$2x_1 + 3 \cdot 0 = 12 \Rightarrow x_1 = 6 \Rightarrow \mathrm{S}_1(6 \mid 0 \mid 0)$$

Den Schnittpunkt von E mit der x_2-Achse erhält man, indem man $x_1 = 0$ und $x_3 = 0$ in E einsetzt:

$$2 \cdot 0 + 3 \cdot 0 = 12 \Rightarrow 0 = 12$$

Aufgrund des Widerspruchs gibt es keinen Spurpunkt S_2, somit ist E parallel zur x_2-Achse.

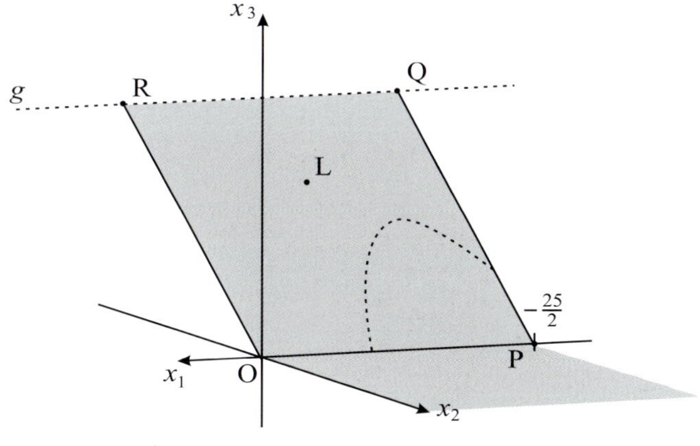

b) Um eine Gleichung einer Ebene F, die orthogonal zu E und parallel zur x_2-Achse ist, zu bestimmen, ermittelt man zuerst einen Normalenvektor $\overrightarrow{n_F}$ von F. Dieser ist orthogonal zum Normalenvektor $\overrightarrow{n_E}$ von E und orthogonal zum Richtungsvektor $\vec{u} = \begin{pmatrix} 0 \\ 1 \\ 0 \end{pmatrix}$ der x_2-Achse. Damit ergibt sich mithilfe des Vektorprodukts:

$$\overrightarrow{n_F} = \overrightarrow{n_E} \times \vec{u} = \begin{pmatrix} 2 \\ 0 \\ 3 \end{pmatrix} \times \begin{pmatrix} 0 \\ 1 \\ 0 \end{pmatrix} = \begin{pmatrix} -3 \\ 0 \\ 2 \end{pmatrix}$$

Als Ansatz für eine Gleichung von F kann man F: $-3x_1 + 2x_3 = z;\ z \in \mathbb{R}$ verwenden.

c) Es gilt:

(1) $\overrightarrow{AB} \cdot \overrightarrow{AC} = 0$ bedeutet: $\overrightarrow{AB}$ ist orthogonal zu $\overrightarrow{AC}$, weil das Skalarprodukt der beiden Vektoren Null ergibt.

(2) $\frac{1}{2} \cdot \mid \overrightarrow{AB} \mid \cdot \mid \overrightarrow{AC} \mid = 6$ bedeutet: Der Flächeninhalt des rechtwinkligen Dreiecks ABC beträgt 6 FE.

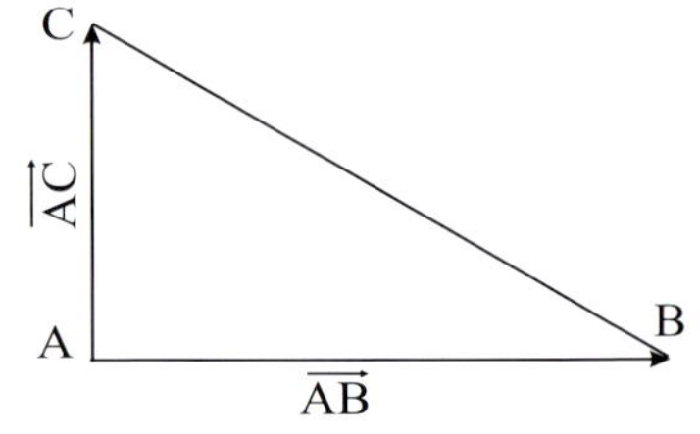

d) Zuerst bestimmt man die Vektoren $\overrightarrow{AB} = \begin{pmatrix} 0 \\ 0 \\ 2 \end{pmatrix}$ und $\overrightarrow{AC} = \begin{pmatrix} c \\ c \\ 0 \end{pmatrix}$.

Damit gilt:

$$\overrightarrow{AB} \cdot \overrightarrow{AC} = \begin{pmatrix} 0 \\ 0 \\ 2 \end{pmatrix} \cdot \begin{pmatrix} c \\ c \\ 0 \end{pmatrix} = 0 \cdot c + 0 \cdot c + 2 \cdot 0 = 0$$

Damit ist Gleichung (1) erfüllt.
Anschließend bestimmt man die Längen der Seiten AB und AC in Abhängigkeit von c:

$$\overline{AB} = \mid \overrightarrow{AB} \mid = \left| \begin{pmatrix} 0 \\ 0 \\ 2 \end{pmatrix} \right| = \sqrt{0^2 + 0^2 + 2^2} = \sqrt{4} = 2$$

$$\overline{AC} = \mid \overrightarrow{AC} \mid = \left| \begin{pmatrix} c \\ c \\ 0 \end{pmatrix} \right| = \sqrt{c^2 + c^2 + 0^2} = \sqrt{2c^2}$$

Setzt man $\mid \overrightarrow{AB} \mid = 2$ und $\mid \overrightarrow{AC} \mid = \sqrt{2c^2}$ in Gleichung (2) ein, ergibt sich:

$$\frac{1}{2} \cdot \mid \overrightarrow{AB} \mid \cdot \mid \overrightarrow{AC} \mid = 6$$

$$\frac{1}{2} \cdot 2 \cdot \sqrt{2c^2} = 6$$

Durch Quadrieren der Gleichung ergeben sich zwei c-Werte, wobei nur $c > 0$ in Frage kommt.

Vorbereitungszeit: 20 Minuten, erlaubte Hilfsmittel: Taschenrechner (WTR)

Für das Ausstellungsgelände einer Kunstausstellung soll ein Gebäude eingerichtet werden. Weder die Bodenfläche noch die Wände sollen rechteckig sein.
In einem Entwurf haben die Eckpunkte des Gebäudes die Koordinaten A(12,5 | 3 | 0), B(2,5 | 6 | 0), C(0 | 3 | 0), D(10 | 0 | 0), E(12,5 | 3 | 7), F(2,5 | 6 | 3), G(0 | 3 | 7) und H(10 | 0 | 11).
Dabei entspricht eine Längeneinheit einem Meter in der Natur.

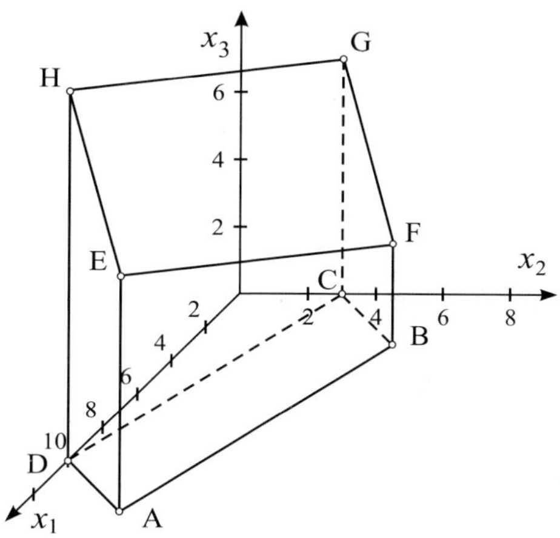

a) Zeigen Sie, dass die Bodenfläche ABCD des Gebäudes ein Parallelogramm ist.

b) Berechnen Sie den Inhalt der Bodenfläche.

c) Erläutern Sie, wie man die Innenwinkel des Parallelogramms ABCD bestimmen kann.

d) Auf der Dachfläche EFGH, die in der Ebene K: $4x_2 + 3x_3 = 33$ liegt, wird im Diagonalenschnittpunkt P(6,25 | 3 | 7) ein Stab mit Spitze S(6,5 | 3 | 9) montiert.
Erläutern Sie, wie man denjenigen Punkt Z der Ebene K bestimmen kann, der den kürzesten Abstand zur Spitze S des Stabes hat, und wie man diesen Abstand berechnen kann.

Tipps G 12

a) Skizzieren Sie das Parallelogramm ABCD. Um zu zeigen, dass die Bodenfläche ABCD des Gebäudes ein Parallelogramm ist, bestimmen Sie die Verbindungsvektoren der Eckpunkte. Falls $\overrightarrow{AB} = \overrightarrow{DC}$ und $\overrightarrow{BC} = \overrightarrow{AD}$ ist das Viereck ABCD ein Parallelogramm.

b) Den Inhalt A der Bodenfläche erhalten Sie mithilfe des Vektorprodukts: $A = |\overrightarrow{AB} \times \overrightarrow{AD}|$.

c) Den Innenwinkel α des Parallelogramms erhalten Sie mit der Formel $\cos(\alpha) = \frac{\overrightarrow{AB} \cdot \overrightarrow{AD}}{|\overrightarrow{AB}| \cdot |\overrightarrow{AD}|}$ für den Winkel zwischen zwei Vektoren. Beachten Sie, dass aufgrund der Symmetrie des Parallelogramms gilt: $\gamma = \alpha$ und $\beta = \delta$. Verwenden Sie die Winkelsumme im Viereck: $\alpha + \beta + \gamma + \delta = 360°$.

d) Den Punkt Z der Ebene K, der den kürzesten Abstand zur Spitze S des Stabes hat, erhalten Sie mithilfe einer Lotgeraden l. Überlegen Sie, welchen Richtungsvektor l hat. Den Abstand d von S zu K erhalten Sie, indem Sie den Betrag des Verbindungsvektors von Z zu S berechnen.

Lösungen G 12

a) Um die Situation zu verdeutlichen, kann man das Parallelogramm skizzieren:

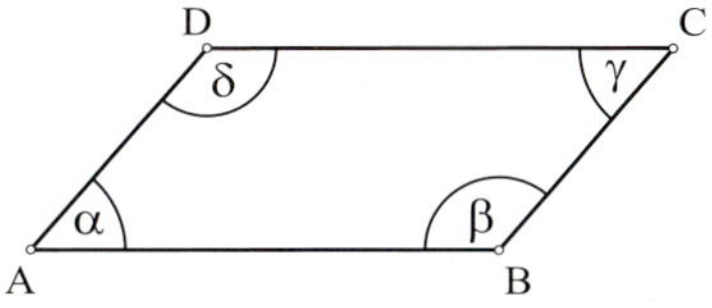

Um zu zeigen, dass die Bodenfläche ABCD des Gebäudes ein Parallelogramm ist, bestimmt man die Verbindungsvektoren der Eckpunkte:

$$\overrightarrow{AB} = \begin{pmatrix} -10 \\ 3 \\ 0 \end{pmatrix}, \overrightarrow{BC} = \begin{pmatrix} -2,5 \\ -3 \\ 0 \end{pmatrix}, \overrightarrow{DC} = \begin{pmatrix} -10 \\ 3 \\ 0 \end{pmatrix} \text{ und } \overrightarrow{AD} = \begin{pmatrix} -2,5 \\ -3 \\ 0 \end{pmatrix}$$

Wegen $\overrightarrow{AB} = \overrightarrow{DC}$ und $\overrightarrow{BC} = \overrightarrow{AD}$ ist das Viereck ABCD ein Parallelogramm.

b) Den Inhalt A der Bodenfläche erhält man mithilfe des Vektorprodukts

$$\begin{aligned} A &= |\,\overrightarrow{AB} \times \overrightarrow{AD}\,| \\ &= \left| \begin{pmatrix} -10 \\ 3 \\ 0 \end{pmatrix} \times \begin{pmatrix} -2,5 \\ -3 \\ 0 \end{pmatrix} \right| = \left| \begin{pmatrix} 0 \\ 0 \\ 37,5 \end{pmatrix} \right| = 37,5 \end{aligned}$$

Der Inhalt der Bodenfläche beträgt $37,5\,\mathrm{m}^2$.

c) Den Innenwinkel α des Parallelogramms erhält man mit der Formel

$$\cos(\alpha) = \frac{\overrightarrow{AB} \cdot \overrightarrow{AD}}{|\,\overrightarrow{AB}\,| \cdot |\,\overrightarrow{AD}\,|}$$

für den Winkel zwischen zwei Vektoren. Aufgrund der Symmetrie des Parallelogramms gilt:

$$\gamma = \alpha \text{ und } \beta = \delta$$

Die Winkelsumme im Viereck beträgt $360°$. Damit gilt:

$$\alpha + \beta + \gamma + \delta = 360° \text{ bzw. } 2\alpha + 2\beta = 360°$$

Also erhält man: $\beta = \frac{360° - 2\alpha}{2}$.

d) Den Punkt Z der Ebene K, der den kürzesten Abstand zur Spitze $S(6{,}5 \mid 3 \mid 9)$ des Stabes hat, erhält man, indem man die Gleichung einer Lotgeraden l aufstellt, die durch S geht und orthogonal zu K ist.

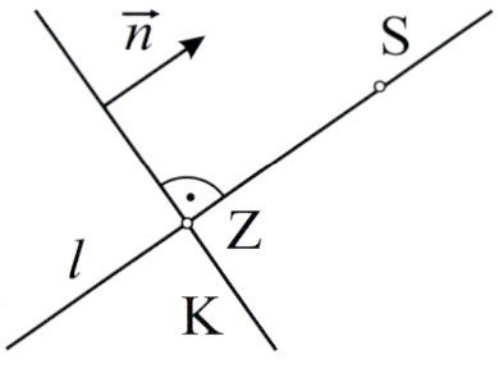

Als Richtungsvektor von l kann man den Normalenvektor $\vec{n} = \begin{pmatrix} 0 \\ 4 \\ 3 \end{pmatrix}$ von K verwenden.

Anschließend schneidet man l mit K. Die Gerade l hat die Gleichung:

$$l\colon \vec{x} = \begin{pmatrix} 6{,}5 \\ 3 \\ 9 \end{pmatrix} + t \cdot \begin{pmatrix} 0 \\ 4 \\ 3 \end{pmatrix}$$

Die Koordinaten des Schnittpunkts Z von l und K erhält man, indem man den allgemeinen Punkt $P_t(6{,}5 \mid 3+4t \mid 9+3t)$ von l in die Koordinatenform $K\colon\ 4x_2 + 3x_3 = 33$ einsetzt.

Den Abstand d von $S(6{,}5 \mid 3 \mid 9)$ zu K erhält man, indem man den Abstand zwischen S und Z berechnet. Dazu wird der Betrag des Verbindungsvektors $\overrightarrow{ZS}$ berechnet: $d = |\overrightarrow{ZS}|$.

Vorbereitungszeit: 20 Minuten, erlaubte Hilfsmittel: Taschenrechner (WTR)

Gegeben sind die Ebenen E: $4x_1 + 2x_2 + x_3 = 4$ und F: $2x_1 + x_3 = 4$.

a) Stellen Sie die Ebene E in einem Koordinatensystem dar.
Zeigen Sie, dass E nicht orthogonal zu F ist.
Erläutern Sie die besondere Lage von F.

b) Zeigen Sie, dass die Gerade

$$g\colon \vec{x} = \begin{pmatrix} 0 \\ 0 \\ 4 \end{pmatrix} + t \cdot \begin{pmatrix} 1 \\ -1 \\ -2 \end{pmatrix}$$

eine Gleichung der Schnittgeraden der Ebenen E und F ist.

c) Der Punkt $A(5 \mid 0 \mid 4)$ wird an der Ebene F gespiegelt.
Erläutern Sie, wie man die Koordinaten des Spiegelpunktes A^* bestimmen kann.

d) In der Ebenengleichung von E wird der Koeffizient 4 durch eine reelle Zahl a ersetzt.
Man erhält

$$E_a\colon ax_1 + 2x_2 + x_3 = 4$$

Ermitteln Sie einen Wert von a, für den E_a und g parallel sind.

Tipps G 13

a) Um die Ebene E in einem Koordinatensystem darzustellen, bestimmen Sie zuerst die Spurpunkte von E, indem Sie jeweils zwei Koordinaten gleich Null setzen.
Um zu zeigen, dass E nicht orthogonal zu F ist, berechnen Sie das Skalarprodukt der Normalenvektoren $\overrightarrow{n_1}$ von E und $\overrightarrow{n_2}$ von F. Falls das Skalarprodukt der beiden Normalenvektoren nicht Null ergibt, sind die Ebenen E und F nicht orthogonal.
Überlegen Sie, auf welcher Achse es keinen Spurpunkt von F gibt.

b) Um zu zeigen, dass die Gerade g eine Gleichung der Schnittgeraden der Ebenen E und F ist, setzen Sie den allgemeinen Punkt P_t von g jeweils in die Gleichungen von E und F ein. Bei wahren Aussagen liegt g in E bzw. F. Überlegen Sie anhand der Normalenvektoren von E und F, ob g eine Schnittgerade sein kann.

c) Skizzieren Sie die Problemstellung. Überlegen Sie, wie Sie eine Lotgerade aufstellen können und wie Sie den Punkt A an einem anderen Punkt mithilfe einer Vektorkette spiegeln können.

d) Um a so zu bestimmen, dass E_a und g parallel sind, berechnen Sie das Skalarprodukt des Normalenvektors $\vec{n}_a$ von E_a und des Richtungsvektors $\vec{u}$ der Geraden g, welches Null ergeben muss. Stellen Sie eine Gleichung auf und lösen Sie diese nach a auf.

Lösungen G 13

a) Um die Ebene E in einem Koordinatensystem darzustellen, bestimmt man zuerst die Spurpunkte von E: Den Spurpunkt S_1 erhält man, indem man $x_2 = 0$ und $x_3 = 0$ in E einsetzt:

$$4x_1 + 2 \cdot 0 + 0 = 4 \Rightarrow x_1 = 1 \Rightarrow S_1(1 \mid 0 \mid 0)$$

Den Spurpunkt S_2 erhält man, indem man $x_1 = 0$ und $x_3 = 0$ in E einsetzt:

$$4 \cdot 0 + 2 \cdot x_2 + 0 = 4 \Rightarrow x_2 = 2 \Rightarrow S_2(0 \mid 2 \mid 0)$$

Den Spurpunkt S_3 erhält man, indem man $x_1 = 0$ und $x_2 = 0$ in E einsetzt:

$$4 \cdot 0 + 2 \cdot 0 + x_3 = 4 \Rightarrow x_3 = 4 \Rightarrow S_3(0 \mid 0 \mid 4)$$

Damit kann man die Ebene E darstellen.

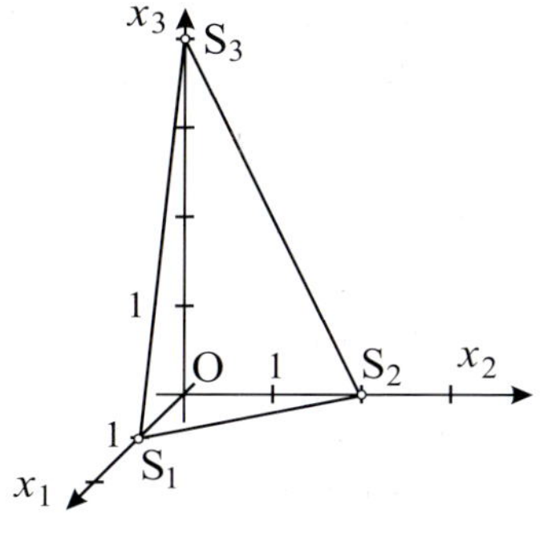

Um zu zeigen, dass E nicht orthogonal zu F ist, berechnet man das Skalarprodukt der Normalenvektoren

$\overrightarrow{n_1} = \begin{pmatrix} 4 \\ 2 \\ 1 \end{pmatrix}$ von E und $\overrightarrow{n_2} = \begin{pmatrix} 2 \\ 0 \\ 1 \end{pmatrix}$ von F:

$$\overrightarrow{n_1} \cdot \overrightarrow{n_2} = \begin{pmatrix} 4 \\ 2 \\ 1 \end{pmatrix} \cdot \begin{pmatrix} 2 \\ 0 \\ 1 \end{pmatrix} = 4 \cdot 2 + 2 \cdot 0 + 1 \cdot 1 = 9 \neq 0$$

Da das Skalarprodukt der beiden Normalenvektoren nicht Null ergibt, sind die Ebenen E und F nicht orthogonal.

Die Ebene F ist parallel zur x_2 Achse, da es keinen Spurpunkt auf der x_2-Achse gibt:
Setzt man $x_1 = 0$ und $x_3 = 0$ in F ein, ergibt sich: $2 \cdot 0 + 0 = 4 \Leftrightarrow 0 = 4$.
Aufgrund des Widerspruchs gibt es keinen Spurpunkt auf der x_2-Achse.

b) Um zu zeigen, dass die Gerade $g\colon \vec{x} = \begin{pmatrix} 0 \\ 0 \\ 4 \end{pmatrix} + t \cdot \begin{pmatrix} 1 \\ -1 \\ -2 \end{pmatrix}$ eine Gleichung der Schnittgeraden der Ebenen E und F ist, setzt man den allgemeinen Punkt $P_t(t \mid -t \mid 4-2t)$ von g jeweils in die Gleichungen von E und F ein:

$$4 \cdot t + 2 \cdot (-t) + 4 - 2t = 4 \Rightarrow 4 = 4 \Rightarrow g \text{ liegt in E}$$

$$2 \cdot t + 4 - 2t = 4 \Rightarrow 4 = 4 \Rightarrow g \text{ liegt in F}$$

Aufgrund der wahren Aussagen liegt g in E und in F.
Da die Normalenvektoren von E und F keine Vielfache sind, ist g eine Schnittgerade von E und F.

c) Zuerst stellt man eine Lotgerade l auf, die den Punkt A enthält und orthogonal zu F ist. Als Richtungsvektor von l verwendet man den Normalenvektor $\overrightarrow{n_2}$ von F.

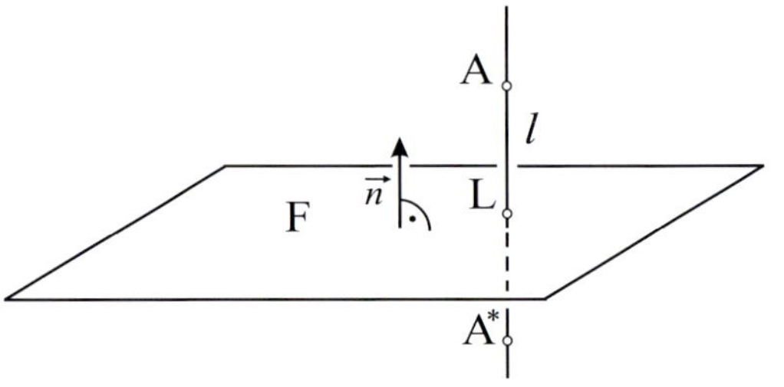

Damit erhält man die Gleichung:

$$l: \vec{x} = \vec{a} + r \cdot \overrightarrow{n_2} = \begin{pmatrix} 5 \\ 0 \\ 4 \end{pmatrix} + r \cdot \begin{pmatrix} 2 \\ 0 \\ 1 \end{pmatrix}$$

Schneidet man l mit F, erhält man den Lotfußpunkt L.
Um die Koordinaten des Spiegelpunktes A^* zu erhalten, stellt man eine Vektorkette auf:

$$\overrightarrow{OA^*} = \overrightarrow{OA} + 2 \cdot \overrightarrow{AL} \Rightarrow A^*$$

d) Um a so zu bestimmen, dass $E_a: ax_1 + 2x_2 + x_3 = 4$ und $g: \vec{x} = \begin{pmatrix} 0 \\ 0 \\ 4 \end{pmatrix} + t \cdot \begin{pmatrix} 1 \\ -1 \\ -2 \end{pmatrix}$ parallel sind, verwendet man das Skalarprodukt des Normalenvektors $\vec{n}_a = \begin{pmatrix} a \\ 2 \\ 1 \end{pmatrix}$ von E_a und des Richtungsvektors $\vec{u} = \begin{pmatrix} 1 \\ -1 \\ -2 \end{pmatrix}$ der Geraden g, welches Null ergeben muss.

Damit erhält man folgende Gleichung, die man nach a auflöst:

$$\overrightarrow{n_a} \cdot \vec{u} = 0$$

$$\begin{pmatrix} a \\ 2 \\ 1 \end{pmatrix} \cdot \begin{pmatrix} 1 \\ -1 \\ -2 \end{pmatrix} = 0$$

$$a \cdot 1 + 2 \cdot (-1) + 1 \cdot (-2) = 0$$

$$a - 4 = 0$$

$$a = 4$$

Für $a = 4$ sind E_a und g parallel.

Stochastik S 1

Vorbereitungszeit: 20 Minuten, erlaubte Hilfsmittel: Taschenrechner (WTR)

Beim Strafstoß («Elfmeter») gibt es drei mögliche Ereignisse:

(1) Der Schütze erzielt ein Tor.

(2) Der Torhüter wehrt den Ball ab.

(3) Der Schütze trifft die Torbegrenzung oder verfehlt das Tor.

Der Fußballer Tom erzielt beim Strafstoß mit einer Wahrscheinlichkeit von 80% ein Tor.

a) Tom schießt vier Strafstöße.
Berechnen Sie die Wahrscheinlichkeit für die folgenden Ereignisse:
A: Er erzielt vier Tore.
B: Er erzielt mindestens drei Tore.
C: Er erzielt genau drei Tore in Folge.

b) Ein Freund bietet Tom folgendes Spiel an:
«Wenn du ein Tor erzielst, zahle ich dir einen Euro, sollte der Torhüter den Ball abwehren, zahlst du mir zwei Euro. Ansonsten musst du mir 10 Euro geben.»

Bestimmen Sie die Wahrscheinlichkeit, mit der der Torhüter den Ball abwehrt, wenn man davon ausgeht, dass auf lange Sicht keiner der beiden einen Gewinn macht, das Spiel also fair ist.

c) In einer Fußballliga wird bei 87% aller Strafstöße ein Tor erzielt.
In einer Saison wurden 70 Strafstöße gegeben.
Erläutern Sie, wie man die Wahrscheinlichkeit, dass mindestens 68 Tore erzielt wurden, berechnen kann.

d) Bestimmen Sie den Erwartungswert und die Standardabweichung für die Anzahl der erzielten Tore und erläutern Sie die Bedeutung der beiden Größen im Sachzusammenhang.

Tipps S 1

a) Legen Sie X als binomialverteilte Zufallsvariable für die Anzahl der erzielten Tore mit den Parametern n und p fest. Die Wahrscheinlichkeit für das Ereignis A erhalten Sie mit Hilfe der Binomialverteilung unter Verwendung des Taschenrechners. Die Wahrscheinlichkeit für das Ereignis B erhalten Sie mit Hilfe der kumulierten Binomialverteilung und der Wahrscheinlichkeit des Gegenereignisses unter Verwendung des Taschenrechners. Um die Wahrscheinlichkeit für das Ereignis C zu bestimmen, bezeichnen Sie mit t: er erzielt ein Tor und $\bar{t}$: er erzielt kein Tor. Bestimmen Sie die Wahrscheinlichkeit, dass er bei einem Schuss kein Tor erzielt. Beachten Sie, dass es für das Ereignis C zwei verschiedene Möglichkeiten gibt, dass er drei Tore in Folge erzielt.

b) Legen Sie x als Wahrscheinlichkeit, mit der der Torhüter den Ball abwehrt, fest und bestimmen Sie mit Hilfe der Wahrscheinlichkeit des Gegenereignisses die Wahrscheinlichkeit, dass Tom kein Tor erzielt, in Abhängigkeit von x.
Legen Sie X als Zufallsvariable für die Einnahmen Toms fest und bestimmen Sie den Erwartungswert E(X) von Toms Einnahmen (teilweise negativ), indem Sie diese mit den entsprechenden Wahrscheinlichkeiten multiplizieren und anschließend addieren. Da das Spiel fair sein soll, lösen Sie die Gleichung $E(X) = 0$ nach x auf.

c) Legen Sie X als binomialverteilte Zufallsvariable für die Anzahl der erzielten Tore mit den Parametern n und p fest. Die Wahrscheinlichkeit, dass mindestens 68 Tore erzielt wurden, erhalten Sie mit Hilfe der kumulierten Binomialverteilung und der Wahrscheinlichkeit des Gegenereignisses.
Alternativ verwenden Sie die Bernoulli-Formel: $P(X = k) = \binom{n}{k} \cdot p^k \cdot (1-p)^{n-k}$.

d) Den Erwartungswert für die Anzahl der erzielten Tore erhalten Sie mit der Formel

$$E(X) = \mu = n \cdot p$$

Die Standardabweichung für die Anzahl der erzielten Tore erhalten Sie mit der Formel

$$\sigma = \sqrt{n \cdot p \cdot (1-p)}$$

Beachten Sie, dass μ ein Durchschnittswert ist und die Standardabweichung eine Streuung um den Erwartungswert beschreibt.

Lösungen S 1

a) Legt man X als Zufallsvariable für die Anzahl der erzielten Tore fest, so ist X binomialverteilt mit den Parametern $n = 4$ und $p = 0,8$.

Die Wahrscheinlichkeit für das Ereignis A: « Er erzielt vier Tore.» erhält man mit Hilfe der Binomialverteilung:

$$P(A) = P(X = 4) = 0,4096$$

Somit beträgt die Wahrscheinlichkeit für das Ereignis A etwa 41,0 %.

Die Wahrscheinlichkeit für das Ereignis B: « Er erzielt mindestens drei Tore.» erhält man mit Hilfe der kumulierten Binomialverteilung und der Wahrscheinlichkeit des Gegenereignisses:

$$P(B) = P(X \geqslant 3) = 1 - P(X \leqslant 2) = 1 - 0,1808 = 0,8192$$

Somit beträgt die Wahrscheinlichkeit für das Ereignis B etwa 81,9 %.

Um die Wahrscheinlichkeit für das Ereignis C: «Er erzielt genau drei Tore in Folge.» zu bestimmen, bezeichnet man mit t: er erzielt ein Tor und $\bar{t}$: er erzielt kein Tor.
Die Wahrscheinlichkeit, dass er bei einem Schuss kein Tor erzielt, beträgt

$$P(\bar{t}) = 1 - P(t) = 1 - 0,8 = 0,2$$

Für das Ereignis C gibt es zwei verschiedene Möglichkeiten, dass er drei Tore in Folge erzielt. Damit gilt:

$$P(C) = P(ttt\bar{t}) + P(\bar{t}ttt) = 0,8^3 \cdot 0,2 + 0,2 \cdot 0,8^3 = 0,2048$$

Somit beträgt die Wahrscheinlichkeit für das Ereignis C etwa 20,5 %.

b) Legt man x als Wahrscheinlichkeit, mit der der Torhüter den Ball abwehrt, fest, dann gilt für die Wahrscheinlichkeit, dass Tom die Torbegrenzung trifft oder das Tor verfehlt: $1 - 0,8 - x = 0,2 - x$.
Legt man X als Zufallsvariable für die Einnahmen Toms fest, so gilt für den Erwartungswert E(X):

$$E(X) = 1\,€ \cdot 0,8 + (-2\,€) \cdot x + (-10\,€) \cdot (0,2 - x) = -1,2\,€ + 8\,€ \cdot x$$

Da das Spiel fair sein soll, gilt: $E(X) = 0$. Damit ergibt sich:

$$-1,2\,€ + 8\,€ \cdot x = 0 \Rightarrow x = 0,15$$

Somit beträgt die Wahrscheinlichkeit, mit der der Torhüter den Ball abwehrt, 15%.

c) Legt man X als Zufallsvariable für die Anzahl der erzielten Tore fest, so ist X binomialverteilt mit den Parametern $n = 70$ und $p = 0,87$.
Die Wahrscheinlichkeit, dass mindestens 68 Tore erzielt wurden, erhält man mit Hilfe der kumulierten Binomialverteilung und der Wahrscheinlichkeit des Gegenereignisses:

$$P(X \geqslant 68) = 1 - P(X \leqslant 67)$$

Alternativ kann man auch die Bernoulli-Formel verwenden:

$$\begin{aligned} P(X \geqslant 68) &= P(X = 68) + P(X = 69) + P(X = 70) \\ &= \binom{70}{68} \cdot 0,87^{68} \cdot 0,13^2 + \binom{70}{69} \cdot 0,87^{69} \cdot 0,13^1 + \binom{70}{70} \cdot 0,87^{70} \cdot 0,13^0 \end{aligned}$$

d) Legt man X als Zufallsvariable für die Anzahl der erzielten Tore fest, so ist X binomialverteilt mit den Parametern $n = 70$ und $p = 0,87$. Den Erwartungswert für die Anzahl der erzielten Tore erhält man mit der Formel $E(X) = \mu = n \cdot p$:

$$E(X) = 70 \cdot 0,87 = 60,9$$

Die Standardabweichung für die Anzahl der erzielten Tore erhält man mit der Formel $\sigma = \sqrt{n \cdot p \cdot (1-p)}$:

$$\sigma = \sqrt{70 \cdot 0,87 \cdot 0,13} \approx 2,81$$

Der Erwartungswert von $\mu \approx 61$ gibt an, dass bei 70 Strafstößen durchschnittlich etwa 61 Tore erzielt werden.
Die Standardabweichung von $\sigma \approx 2,8$ gibt an, dass die Streuung um den Erwartungswert etwa 2,8 beträgt.

Stochastik S 2

Vorbereitungszeit: 20 Minuten, erlaubte Hilfsmittel: Taschenrechner (WTR)

Jedes Überraschungsei eines Herstellers enthält entweder eine Figur oder keine Figur, wobei der Anteil der Überraschungseier mit einer Figur 25% beträgt.

a) Zehn Überraschungseier werden nacheinander zufällig ausgewählt.
Geben Sie für die Wahrscheinlichkeiten der folgenden Ereignisse jeweils einen Term an:
A: Genau 7 Überraschungseier enthalten jeweils eine Figur.
B: Weniger als zwei Überraschungseier enthalten jeweils eine Figur.
C: Nur in den letzten beiden Überraschungseiern ist jeweils eine Figur enthalten.

b) Sechs Überraschungseier werden zufällig ausgewählt. Die Zufallsgröße X gibt an, wie viele dieser Überraschungseier eine Figur enthalten. Eine der folgenden Abbildungen stellt die Wahrscheinlichkeitsverteilung dieser Zufallsgröße X dar:

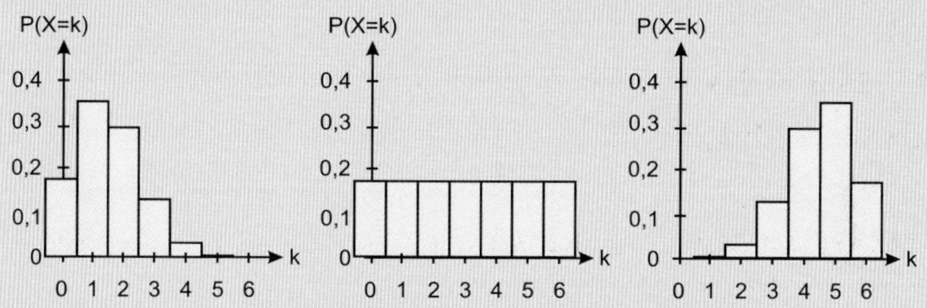

Abb. 1 Abb. 2 Abb. 3

Geben Sie an, welche Abbildung dies ist.
Begründen Sie, dass die beiden anderen Abbildungen dies nicht sind.

c) Eine Zufallsgröße X ist binomialverteilt mit der Erfolgswahrscheinlichkeit p und dem Stichprobenumfang $n = 2$.
Zeigen Sie, dass für jeden Wert von p gilt:

$$P(X \neq 0) + P(X \neq 1) + P(X \neq 2) = 2$$

Tipps S 2

a) Legen Sie X als binomialverteilte Zufallsvariable für die Anzahl der Figuren mit den Parametern n und p fest.
Die Wahrscheinlichkeit für das Ereignis A erhalten Sie mit Hilfe der Binomialverteilung bzw. der Bernoulli-Formel. Die Wahrscheinlichkeit für das Ereignis B erhalten Sie mit Hilfe der Wahrscheinlichkeit des Gegenereignisses und der kumulierten Binomialverteilung. Die Wahrscheinlichkeit für das Ereignis C erhalten Sie nicht mit Hilfe der Binomialverteilung, sondern mit Hilfe der Pfadregeln.

b) Bestimmen Sie die Parameter n und p der binomialverteilten Zufallsvariablen X und berechnen Sie den Erwartungswert von X mit Hilfe der Formel $E(X) = \mu = n \cdot p$. Beachten Sie, dass sich bei einer binomialverteilten Wahrscheinlichkeitsverteilung das Maximum bei $k \approx \mu$ befindet und eine Binomialverteilung verschiedene Werte hat.

c) Verwenden Sie zur Berechnung die Wahrscheinlichkeiten der jeweiligen Gegenereignisse, z.B.

$$P(X \neq 0) = P(X = 1) + P(X = 2)$$

Beachten Sie, dass gilt:

$$P(X = 0) + P(X = 1) + P(X = 2) = 1$$

Lösungen S 2

a) Legt man X als Zufallsvariable für die Anzahl der Figuren fest, so ist X binomialverteilt mit den Parametern $n = 10$ und $p = 0,25$.
Die Wahrscheinlichkeit für das Ereignis A: «Genau 7 Überraschungseier enthalten jeweils eine Figur.» erhält man mit Hilfe der Bernoulli-Formel:

$$P(A) = P(X = 7) = \binom{10}{7} \cdot 0,25^7 \cdot (1 - 0,25)^{10-7} = \binom{10}{7} \cdot 0,25^7 \cdot 0,75^3$$

Die Wahrscheinlichkeit für das Ereignis B: «Weniger als zwei Überraschungseier enthalten jeweils eine Figur.» erhält man mit Hilfe der Wahrscheinlichkeit des Gegenereignisses und der kumulierten Binomialverteilung:

$$\begin{aligned} P(B) &= P(X < 2) \\ &= 1 - P(X \leqslant 1) \\ &= 1 - P(X = 0) - P(X = 1) \\ &= 1 - \binom{10}{0} \cdot 0,25^0 \cdot 0,75^{10} - \binom{10}{1} \cdot 0,25^1 \cdot 0,75^9 \end{aligned}$$

Wenn man zehn Überraschungseier nacheinander zufällig auswählt und der Anteil der Überraschungseier mit einer Figur 25% beträgt, so beträgt der Anteil der Überraschungseier ohne Figur 75%.
Man bezeichnet mit F: Figur enthalten und mit $\overline{F}$: keine Figur enthalten. Die Wahrscheinlichkeit für das Ereignis C:»Nur in den letzten beiden Überraschungseiern ist jeweils eine Figur enthalten.» erhält man mit Hilfe der Pfadregeln:

$$P(C) = P\left(\overline{F}\overline{F}\overline{F}\overline{F}\overline{F}\overline{F}\overline{F}\overline{F}FF\right) = 0,75^8 \cdot 0,25^2$$

b) Die Zufallsgröße X gibt an, wie viele dieser Überraschungseier eine Figur enthalten. Da es nur die beiden Ausgänge «Figur enthalten» oder «Figur nicht enthalten» gibt, ist X binomialverteilt mit den Parametern $n = 6$ und $p = 0,25$. Der Erwartungswert von X ist damit $E(X) = \mu = n \cdot p = 6 \cdot 0,25 = 1,5$.
Bei einer binomialverteilten Wahrscheinlichkeitsverteilung gibt es ein Maximum, das sich bei $k \approx \mu$ befindet.
Damit sollte der Maximalwert der Zufallsgröße X bei $k \approx 1,5$ liegen.
Abbildung 1 zeigt die Wahrscheinlichkeitsverteilung von X, da bei $k = 1$ der Maximalwert ist, während bei Abbildung 2 alle Werte gleich groß sind (keine Binomialverteilung) und bei Abbildung 3 der Maximalwert bei $k = 5$ liegt.

c) Eine Zufallsgröße X ist binomialverteilt mit der Erfolgswahrscheinlichkeit p und dem Stichprobenumfang $n = 2$.
Mithilfe der Wahrscheinlichkeiten der jeweiligen Gegenereignisse erhält man:

$$\begin{aligned} P(X \neq 0) + P(X \neq 1) + P(X \neq 2) &= (P(X = 1) + P(X = 2)) + (P(X = 0) + P(X = 2)) \\ &\quad + (P(X = 0) + P(X = 1)) \\ &= 2 \cdot (P(X = 0) + P(X = 1) + P(X = 2)) \\ &= 2 \cdot 1 \\ &= 2 \end{aligned}$$

Somit gilt für jeden Wert von p:

$$P(X \neq 0) + P(X \neq 1) + P(X \neq 2) = 2$$

Stochastik S 3

Vorbereitungszeit: 20 Minuten, erlaubte Hilfsmittel: Taschenrechner (WTR)

Eine Firma stellt Kerzen her.
Die Brenndauer B einer Kerze ist normalverteilt mit dem Erwartungswert 40 und der Standardabweichung 5 (alle Angaben in Stunden).

a) Bestimmen Sie die Wahrscheinlichkeit folgender Ereignisse:
A: Die Brenndauer einer Kerze beträgt weniger als 35 Stunden.
B: Die Brenndauer einer Kerze beträgt mehr als 37 und höchstens 43 Stunden.

b) Skizzieren Sie den Graphen der zu dieser Situation gehörenden Glockenkurve und erläutern Sie Ihr Vorgehen.

c) Eine Kerze ist mangelhaft, wenn ihre Brenndauer um mehr als 10 Stunden von der mittleren Brenndauer abweicht.
Erläutern Sie anhand der Glockenkurve, wie man die Wahrscheinlichkeit für diese Abweichung bestimmen kann.

d) Durch ein neues Produktionsverfahren soll die Brenndauer der Kerzen verändert werden, so dass die Streuung um den Erwartungswert geringer wird.
Beschreiben Sie, wie sich die Glockenkurve ändert, wenn die Standardabweichung halbiert wird.

e) Die Wahrscheinlichkeit, dass eine Kerze mangelhaft ist, beträgt 5%.
Beschreiben Sie ein Zufallsexperiment im Sachzusammenhang und geben Sie dazu ein Ereignis an, dessen Wahrscheinlichkeit sich mit folgendem Term berechnen lässt:

$$\binom{100}{2} \cdot 0{,}05^2 \cdot 0{,}95^{98} + 100 \cdot 0{,}05 \cdot 0{,}95^{99} + 0{,}95^{100}$$

Tipps S 3

a) Legen Sie X als normalverteilte Zufallsvariable für die Brenndauer einer Kerze mit den Parametern μ und σ fest. Die Wahrscheinlichkeit für das Ereignis A erhalten Sie mithilfe der kumulierten Normalverteilung.
Die Wahrscheinlichkeit für das Ereignis B erhalten Sie ebenfalls mit Hilfe der kumulierten Normalverteilung.

b) Bestimmen Sie die Stelle, bei der das Maximum der Glockenkurve liegt und den zugehörigen Funktionswert $\varphi(\mu) \approx \frac{0{,}4}{\sigma}$. Beachten Sie, dass die Wendestellen der Glockenkurve bei $x_1 = \mu - \sigma$ und $x_2 = \mu + \sigma$ liegen.

c) Überlegen Sie, welche Flächen Sie unter der Glockenkurve schraffieren müssen.

d) Beachten Sie, dass bei einer Halbierung der Standardabweichung die Glockenkurve in x-Richtung mit dem Faktor $\frac{1}{2}$ gestreckt, also gestaucht wird. Bestimmen Sie die neuen Wendestellen. Damit die Fläche unter der Glockenkurve gleich bleibt, muss sie noch in y-Richtung mit dem Faktor 2 gestreckt werden. Bestimmen Sie den Funktionswert des neuen Maximums.

e) Formen Sie den angegebenen Term mit Hilfe der Bernoulli-Formel um. Überlegen Sie, welches Bernoulli-Experiment zugrunde liegt und legen Sie X als binomialverteilte Zufallsvariable für die Anzahl der mangelhaften Kerzen mit den Parametern n und p fest. Formulieren Sie damit das gesuchte Ereignis.

Lösungen S 3

a) Legt man X als Zufallsvariable für die Brenndauer einer Kerze fest, so ist X normalverteilt mit den Parametern $\mu = 40$ und $\sigma = 5$.
Die Wahrscheinlichkeit für das Ereignis A: »Die Brenndauer einer Kerze beträgt weniger als 35 Stunden.», erhält man mithilfe der kumulierten Normalverteilung:

$$P(A) = P(X < 35) \approx 0,1587$$

Die Wahrscheinlichkeit für das Ereignis A beträgt etwa $15,9\,\%$.
Die Wahrscheinlichkeit für das Ereignis B: «Die Brenndauer einer Kerze beträgt mehr als 37 und höchstens 43 Stunden.» erhält man ebenfalls mit Hilfe der kumulierten Normalverteilung:

$$P(B) = P(37 < X \leqslant 43) \approx 0,4515$$

Die Wahrscheinlichkeit für das Ereignis B beträgt etwa $45,2\,\%$.

b) Das Maximum der Glockenkurve liegt bei $x = \mu = 40$ und hat den Funktionswert

$$\varphi(40) \approx \frac{0,4}{\sigma} = \frac{0,4}{5} = 0,08$$

Die Wendestellen der Glockenkurve liegen bei $x_1 = \mu - \sigma = 40 - 5 = 35$ und $x_2 = \mu + \sigma = 40 + 5 = 45$.

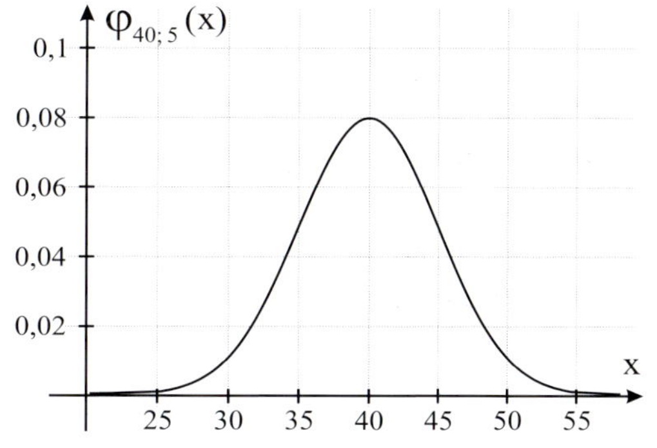

c) Eine Kerze ist mangelhaft, wenn ihre Brenndauer um mehr als 10 Stunden von der mittleren Brenndauer abweicht, d.h. wenn die Brenndauer weniger als 30 und mehr als 50 Stunden beträgt.
Die Wahrscheinlichkeit für diese Abweichung erhält man als Fläche unter der Glockenkurve.

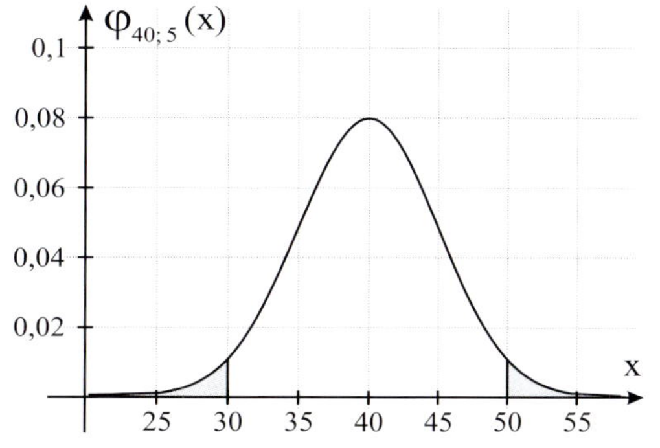

d) Wenn die Standardabweichung halbiert wird, so wird die Glockenkurve in x-Richtung mit dem Faktor $\frac{1}{2}$ gestreckt, also gestaucht. Somit wird die Glockenform schmaler, da die Wendestellen dann bei $x_1 = \mu - \sigma = 40 - 2,5 = 37,5$ und $x_2 = \mu + \sigma = 40 + 2,5 = 42,5$ liegen. Damit die Fläche unter der Glockenkurve gleich bleibt, muss sie noch in y-Richtung mit dem Faktor 2 gestreckt werden, d.h. das Maximum ist bei $x = 40$ doppelt so groß wie bei der ursprünglichen Kurve, liegt also bei $0,16$:

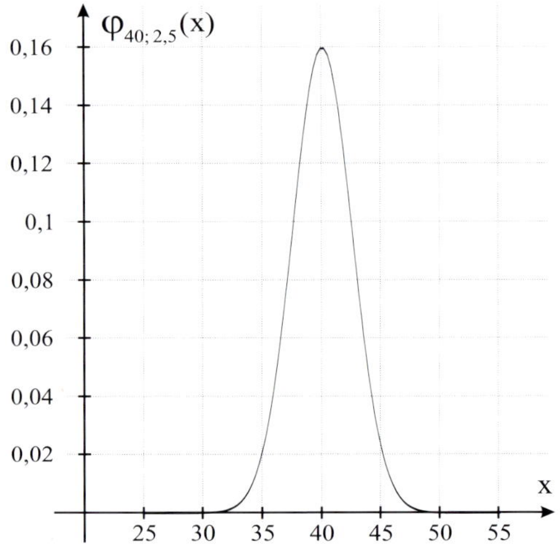

e) Die Wahrscheinlichkeit, dass eine Kerze mangelhaft ist, beträgt 5%. Es werden der Produktion 100 Kerzen zufällig entnommen und festgestellt, ob eine Kerze mangelhaft ist oder nicht. Damit handelt es sich um ein Bernoulli-Experiment mit genau zwei Ausgängen und gleichbleibender Wahrscheinlichkeit bei jeder Entnahme. Legt man X als Zufallsvariable für die Anzahl der mangelhaften Kerzen fest, so ist X binomialverteilt mit den Parametern $n = 100$ und $p = 0,05$.

Der angegebene Term lässt sich mit Hilfe der Bernoulliformel folgendermaßen umformen:

$$\binom{100}{2} \cdot 0,05^2 \cdot 0,95^{98} + 100 \cdot 0,05 \cdot 0,95^{99} + 0,95^{100}$$
$$= \binom{100}{2} \cdot 0,05^2 \cdot 0,95^{98} + \binom{100}{1} \cdot 0,05^1 \cdot 0,95^{99} + \binom{100}{0} \cdot 0,05^0 \cdot 0,95^{100}$$
$$= P(X = 2) + P(X = 1) + P(X = 0)$$
$$= P(X \leqslant 2)$$

Das Ereignis, dessen Wahrscheinlichkeit sich mit dem angegebenen Term berechnen lässt, lautet damit folgendermaßen: «Es sind unter den 100 entnommenen Kerzen höchstens zwei Kerzen mangelhaft».

Stochastik S 4

Vorbereitungszeit: 20 Minuten, erlaubte Hilfsmittel: Taschenrechner (WTR)

Bei einem 12-seitigen Spielwürfel fallen alle Seiten bei einem Wurf jeweils mit der gleichen Wahrscheinlichkeit. Jede Seite des Spielwürfels ist gemäß dem abgebildeten Netz mit einer der Zahlen 1 und 2 beschriftet.

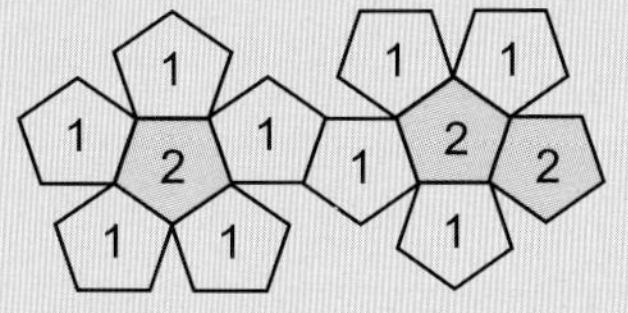

a) Bestimmen Sie unter Angabe einer geeigneten Zufallsgröße die Wahrscheinlichkeiten der folgenden Ereignisse:
A: Bei 100 Würfen fällt genau 77-mal die Zahl 1.
B: Bei 100 Würfen fällt mindestens 73-mal aber höchstens 81-mal die Zahl 1.

b) Für ein Gewinnspiel wird der Spielwürfel bei jedem Spiel viermal geworfen. Man betrachtet die Augensumme der vier Würfe.
Begründen Sie, dass die Wahrscheinlichkeit dafür, dass die Summe der geworfenen Zahlen 4 ist, größer ist als die Wahrscheinlichkeit dafür, dass die Summe der geworfenen Zahlen 8 ist.

c) Einen Hauptpreis erhält eine Spielerin bzw. ein Spieler, wenn die Summe der geworfenen Zahlen mindestens 7 ist. Zeigen Sie, dass auf lange Sicht im Mittel etwa bei einem von zwanzig Spielen ein Hauptpreis vergeben wird.

d) Beurteilen Sie jede der beiden folgenden Aussagen:

A1: Wird bei einmaligem Werfen des Spielwürfels die geworfene Zahl betrachtet, so handelt es sich um ein Bernoulli-Experiment.

A2: Wird bei mehrfacher Durchführung des beschriebenen Spiels jeweils festgehalten, ob ein Trostpreis (Augensumme 4) oder ob ein Hauptpreis vergeben wird, so handelt es sich um eine Bernoulli-Kette.

Tipps S 4

a) Legen Sie X als binomialverteilte Zufallsgröße für die Anzahl der gewürfelten Einsen mit den Parametern n und p fest. Die Wahrscheinlichkeit für das Ereignis A erhalten Sie mit Hilfe der Binomialverteilung unter Verwendung des Taschenrechners. Die Wahrscheinlichkeit für das Ereignis B erhalten Sie mit Hilfe der kumulierten Binomialverteilung (Binomialsummenfunktion) unter Verwendung des Taschenrechners.

b) Überlegen Sie, wann die Summe der geworfenen Zahlen gleich 4 und wann die Summe der geworfenen Zahlen gleich 8 ist. Beachten Sie, dass die Mehrzahl der Seiten des Spielwürfels mit der Zahl 1 beschriftet ist.

c) Beachten Sie, dass eine Spielerin bzw. ein Spieler einen Hauptpreis erhält, wenn die Summe der geworfenen Zahlen mindestens 7 ist, d.h wenn höchstens einmal eine 1 geworfen wird. Berechnen Sie die zugehörige Wahrscheinlichkeit mit Hilfe der kumulierten Binomialverteilung (Binomialsummenfunktion) unter Verwendung des Taschenrechners. Alternativ können Sie die gesuchte Wahrscheinlichkeit auch mit Hilfe der Pfadregeln berechnen.

d) Überlegen Sie, ob es bei Aussage A1 genau zwei mögliche Ausgänge gibt.
Überlegen Sie, ob es bei Aussage A2 mehr als zwei mögliche Ausgänge gibt.

Lösungen S 4

a) Legt man X als Zufallsgröße für die Anzahl der gewürfelten Einsen fest, so ist X binomialverteilt mit den Parametern $n = 100$ und $p = \frac{9}{12} = 0,75$.
Die Wahrscheinlichkeit für das Ereignis A: «Bei 100 Würfen fällt genau 77-mal die Zahl 1» erhält man mit Hilfe der Binomialverteilung unter Verwendung des Taschenrechners:

$$P(A) = P(X = 77) \approx 0,0847$$

Die Wahrscheinlichkeit für das Ereignis A beträgt etwa $8,5\,\%$.
Die Wahrscheinlichkeit für das Ereignis B: «Bei 100 Würfen fällt mindestens 73-mal aber höchstens 81-mal die Zahl 1.» erhält man mit Hilfe der kumulierten Binomialverteilung (Binomialsummenfunktion) unter Verwendung des Taschenrechners:

$$\begin{aligned} P(B) &= P(73 \leqslant X \leqslant 81) = P(X \leqslant 81) - P(X \leqslant 72) \\ &\approx 0,9370 - 0,2776 = 0,6594 \end{aligned}$$

Die Wahrscheinlichkeit für das Ereignis B beträgt also etwa $65,9\,\%$.

b) Die Summe der geworfenen Zahlen ist genau dann gleich 4, wenn bei jedem Wurf eine 1 erscheint. Die Wahrscheinlichkeit dafür beträgt

$$p_1 = 0,75^4 = \frac{81}{256}$$

Die Summe der geworfenen Zahlen ist genau dann gleich 8, wenn bei jedem Wurf eine 2 erscheint. Die Wahrscheinlichkeit dafür beträgt

$$p_2 = 0,25^4 = \frac{1}{256}$$

Es gilt: $p_1 > p_2$. Da die Mehrzahl der Seiten des Spielwürfels mit der Zahl 1 beschriftet ist, ist die Wahrscheinlichkeit dafür, dass die Summe der geworfenen Zahlen 4 beträgt, deutlich größer als die Wahrscheinlichkeit dafür, dass die Summe der geworfenen Zahlen 8 ist.

c) Einen Hauptpreis erhält eine Spielerin bzw. ein Spieler, wenn die Summe der geworfenen Zahlen mindestens 7 ist, d.h wenn höchstens einmal eine 1 geworfen wird.
Mit Hilfe der kumulierten Binomialverteilung (Binomialsummenfunktion) unter Verwendung des Taschenrechners ergibt sich:

$$P(\text{Hauptpreis}) = P(X \leqslant 1) \approx 0,0508 \approx \frac{1}{20}$$

Alternativ kann man die gesuchte Wahrscheinlichkeit auch mit Hilfe der Pfadregeln berechnen:

$$\begin{aligned} P(\text{Hauptpreis}) &= P(1222) + P(2122) + P(2212) + P(2221) + P(2222) \\ &= 0,75 \cdot 0,25^3 + 0,75 \cdot 0,25^3 + 0,75 \cdot 0,25^3 + 0,75 \cdot 0,25^3 + 0,25^4 \\ &= \frac{13}{256} \approx 0,0508 \\ &\approx \frac{1}{20} \end{aligned}$$

Da die Wahrscheinlichkeit für einen Hauptpreis bei etwa $\frac{1}{20}$ liegt, wird auf lange Sicht im Mittel etwa bei einem von zwanzig Spielen ein Hauptpreis vergeben.

d) Die Aussage A1: «Wird bei einmaligem Werfen des Spielwürfels die geworfene Zahl betrachtet, so handelt es sich um ein Bernoulli-Experiment.» ist richtig, da es nur die beiden Ausgänge 1 oder 2 gibt.
Die Aussage A2: «Wird bei mehrfacher Durchführung des beschriebenen Spiels jeweils festgehalten, ob ein Trostpreis oder ob ein Hauptpreis vergeben wird, so handelt es sich um eine Bernoulli-Kette.» ist falsch, da es neben einem Trostpreis (Augensumme 4) und einem Hauptpreis (Augensumme mindestens 7) auch noch andere Spielausgänge mit Augensumme 5 oder 6 geben kann.

Stochastik S 5

Vorbereitungszeit: 20 Minuten, erlaubte Hilfsmittel: Taschenrechner (WTR)

In der norwegischen Stadt Oslo ist jeder zehnte PKW ein Elektroauto.

a) Im Folgenden werden in Oslo zufällig vorbeifahrende PKW betrachtet.
Drei PKW fahren vorbei.
Bestimmen Sie jeweils einen Rechenausdruck für die Wahrscheinlichkeiten folgender Ereignisse:
A: Unter diesen PKW ist genau ein Elektroauto.
B: Unter diesen PKW ist mindestens ein Elektroauto.

b) Definieren Sie die Zufallsvariable X und formulieren Sie im Sachzusammenhang ein Ereignis, dessen Wahrscheinlichkeit wie folgt berechnet werden kann:

$$P(X \leqslant 2) = 0{,}9^{100} + 100 \cdot 0{,}1 \cdot 0{,}9^{99} + \binom{100}{2} \cdot 0{,}1^2 \cdot 0{,}9^{98}$$

Für ein weiteres Zufallsexperiment wird eine Zufallsvariable X festgelegt, welche die drei Werte −2, 1 und 2 annehmen kann. In der Abbildung ist die Wahrscheinlichkeitsverteilung von X dargestellt.

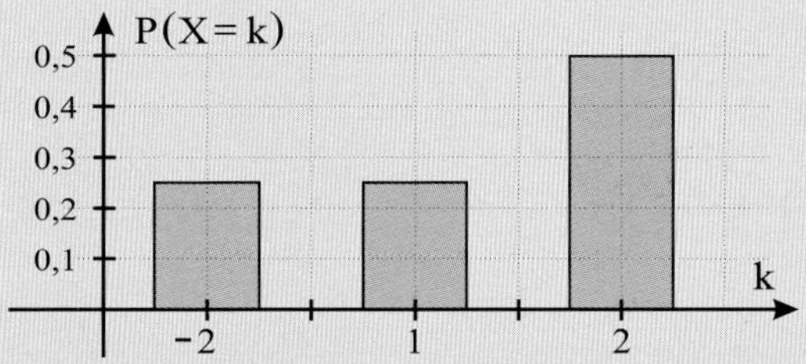

c) Ermitteln Sie mithilfe der Abbildung den Erwartungswert der Zufallsvariablen X.

d) Das Zufallsexperiment wird zweimal durchgeführt. Dabei wird jeweils der Wert der Zufallsvariablen X notiert.
Erläutern Sie, wie man die Wahrscheinlichkeit dafür bestimmen kann, dass die Summe dieser beiden Werte negativ ist.

Tipps S 5

a) Legen Sie X als binomialverteilte Zufallsvariable für die Anzahl der Elektroautos mit den Parametern n und p fest.
Die Wahrscheinlichkeit des Ereignisses A erhalten Sie mit Hilfe der Bernoulli-Formel

$$P(X=k)=\binom{n}{k}\cdot p^k\cdot(1-p)^{n-k}$$

Die Wahrscheinlichkeit des Ereignisses B erhalten Sie mit Hilfe der Wahrscheinlichkeit des Gegenereignisses und der Bernoulli-Formel. Alternativ können Sie auch die Pfadregeln verwenden. Bezeichnen Sie mit E: Elektroauto und mit $\overline{E}$: kein Elektroauto und berechnen Sie

$$P(A)=P\left(E\overline{E}\overline{E}\right)+P\left(\overline{E}E\overline{E}\right)+P\left(\overline{E}\overline{E}E\right) \text{ und } P(B)=1-P\left(\overline{E}\overline{E}\overline{E}\right)$$

mit $P(E)=0,1$ und $P\left(\overline{E}\right)=1-0,1=0,9$.

b) Legen Sie X als binomialverteilte Zufallsvariable für die Anzahl der Elektroautos bei 100 vorbeifahrenden PKW mit den Parametern $n=100$ und $p=0,1$ fest. Überlegen Sie mit Hilfe der Bernoulli-Formel, was mit dem gegebenen Term bestimmt wird.

c) Bestimmen Sie anhand der gegebenen Abbildung $P(X=-2)$, $P(X=1)$ und $P(X=2)$. Den Erwartungswert $E(X)$ der Zufallsvariablen X erhalten Sie, indem Sie die Werte von X mit den entsprechenden Wahrscheinlichkeiten multiplizieren und die Ergebnisse addieren.

d) Bestimmen Sie die drei Möglichkeiten dafür, dass die Summe der beiden Werte von X negativ ist. Die Wahrscheinlichkeit P, dass die Summe dieser beiden Werte negativ ist, erhalten Sie mithilfe der Pfadregeln.

Lösungen S 5

a) Legt man X als Zufallsvariable für die Anzahl der Elektroautos fest, so ist X binomialverteilt mit den Parametern $n = 3$ und $p = 0,1$.
Die Wahrscheinlichkeit des Ereignisses A: «Unter diesen PKW ist genau ein Elektroauto.» erhält man mit Hilfe der Binomialverteilung und der Bernoulli-Formel:

$$P(A) = P(X = 1) = \binom{3}{1} \cdot 0,1^1 \cdot 0,9^{3-1} = 3 \cdot 0,1 \cdot 0,9^2 = 0,3 \cdot 0,9^2$$

Die Wahrscheinlichkeit des Ereignisses B: «Unter diesen PKW ist mindestens ein Elektroauto» erhält man mit Hilfe der Wahrscheinlichkeit des Gegenereignisses (also dass kein Elektroauto vorbei fährt) und der Bernoulli-Formel:

$$P(B) = P(X \geqslant 1) = 1 - P(X = 0) = 1 - \binom{3}{0} \cdot 0,1^0 \cdot 0,9^{3-0} = 1 - 1 \cdot 1 \cdot 0,9^3 = 1 - 0,9^3$$

Alternativ kann man auch die Pfadregeln verwenden. Bezeichnet man mit E: Elektroauto und mit $\overline{E}$: kein Elektroauto, so gilt:

$$P(E) = 0,1$$

und

$$P\left(\overline{E}\right) = 1 - 0,1 = 0,9$$

Für die Wahrscheinlichkeit des Ereignisses A gilt:

$$\begin{aligned} P(A) &= P\left(E\overline{E}\overline{E}\right) + P\left(\overline{E}E\overline{E}\right) + P\left(\overline{E}\overline{E}E\right) \\ &= 0,1 \cdot 0,9 \cdot 0,9 + 0,9 \cdot 0,1 \cdot 0,9 + 0,9 \cdot 0,9 \cdot 0,1 \\ &= 3 \cdot 0,1 \cdot 0,9^2 \\ &= 0,3 \cdot 0,9^2 \end{aligned}$$

Für die Wahrscheinlichkeit des Ereignisses B gilt:

$$\begin{aligned} P(B) &= 1 - P\left(\overline{E}\overline{E}\overline{E}\right) \\ &= 1 - 0,9 \cdot 0,9 \cdot 0,9 \\ &= 1 - 0,9^3 \end{aligned}$$

b) Legt man X als Zufallsvariable für die Anzahl der Elektroautos bei 100 vorbeifahrenden PKW fest, so ist X binomialverteilt mit den Parametern $n = 100$ und $p = 0,1$. Damit gilt:

$$\begin{aligned} P(X \leqslant 2) &= 0,9^{100} + 100 \cdot 0,1 \cdot 0,9^{99} + \binom{100}{2} \cdot 0,1^2 \cdot 0,9^{98} \\ &= \binom{100}{0} \cdot 0,1^0 \cdot 0,9^{100} + \binom{100}{1} \cdot 0,1^1 \cdot 0,9^{99} + \binom{100}{2} \cdot 0,1^2 \cdot 0,9^{98} \end{aligned}$$

Somit wird mit dem angegebenen Term die Wahrscheinlichkeit berechnet, dass von 100 PKW höchstens 2 Elektroautos vorbeifahren.

c) Anhand der gegebenen Abbildung kann man folgende Wahrscheinlichkeiten ablesen:

$$\begin{aligned} P(X = -2) &= 0,25 \\ P(X = 1) &= 0,25 \\ P(X = 2) &= 0,5 \end{aligned}$$

Damit erhält man den Erwartungswert $E(X)$ der Zufallsvariablen X, indem man die Werte von X mit den entsprechenden Wahrscheinlichkeiten multipliziert und die Ergebnisse addiert:

$$E(X) = -2 \cdot 0,25 + 1 \cdot 0,25 + 2 \cdot 0,5 = 0,75$$

Der Erwartungswert beträgt $0,75$.

d) Wenn das Zufallsexperiment zweimal durchgeführt wird, gibt es drei Möglichkeiten dafür, dass die Summe der beiden Werte von X negativ ist.
Die Wahrscheinlichkeit P, dass die Summe dieser beiden Werte negativ ist, erhält man mithilfe der Pfadregeln:

$$\begin{aligned} P &= P(-2;-2) + P(-2;1) + P(1;-2) \\ &= P(X = -2) \cdot P(X = -2) + P(X = -2) \cdot P(X = 1) + P(X = 1) \cdot P(X = -2) \\ &= 0,25 \cdot 0,25 + 0,25 \cdot 0,25 + 0,25 \cdot 0,25 \\ &= \frac{1}{4} \cdot \frac{1}{4} + \frac{1}{4} \cdot \frac{1}{4} + \frac{1}{4} \cdot \frac{1}{4} \\ &= \frac{3}{16} \end{aligned}$$

Die Wahrscheinlichkeit, dass die Summe negativ ist, beträgt $\frac{3}{16}$.

Stochastik S 6

Vorbereitungszeit: 20 Minuten, erlaubte Hilfsmittel: Taschenrechner (WTR)

Das Gewicht von Hühnereiern ist normalverteilt mit dem Erwartungswert 60 und der Standardabweichung 10 (alle Angaben in Gramm).
Dabei gibt es folgende Gewichtsklassen:

S: weniger als 53 Gramm, M: 53-63 Gramm, L: 63-73 Gramm, XL: mehr als 73 Gramm

In der Abbildung ist der Graph der zu dieser Situation gehörenden Glockenkurve dargestellt.

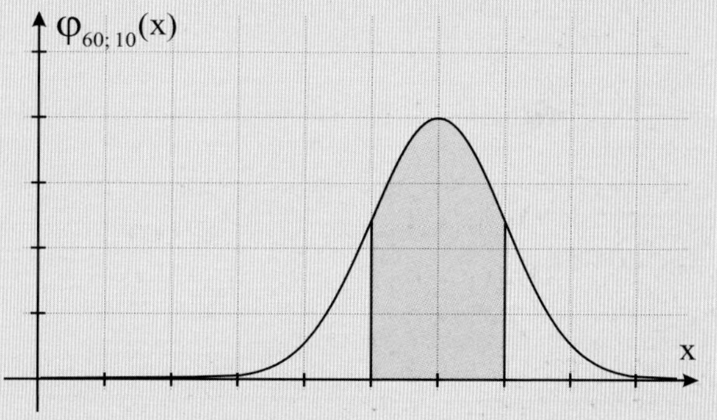

a) Berechnen Sie die Wahrscheinlichkeit folgender Ereignisse:
A: Das Ei hat Gewichtsklasse S.
B: Das Ei hat Gewichtsklasse XL.

b) Skalieren Sie in der Abbildung die Achsen und erläutern Sie Ihr Vorgehen.
Interpretieren Sie den Flächeninhalt der grauen Fläche.

c) Ein Ei hat Gewichtsklasse M.
Erläutern Sie, wie man näherungsweise anhand der gegebenen Abbildung bestimmen kann, mit welcher Wahrscheinlichkeit ein Ei dieser Gewichtsklasse angehört.

d) Ein Entenei wiegt durchschnittlich 67 Gramm.
Das Gewicht von Enteneiern soll als normalverteilt mit der Standardabweichung 7 Gramm angenommen werden.
Beschreiben Sie, wie man die zugehörige Glockenkurve ausgehend von der Glockenkurve der Hühnereier erhalten kann.

Tipps S 6

a) Legen Sie X als normalverteilte Zufallsvariable für das Gewicht eines Hühnereis mit den Parametern μ und σ fest. Die Wahrscheinlichkeit für das Ereignis A erhalten Sie mithilfe der kumulierten Normalverteilung.
Die Wahrscheinlichkeit für das Ereignis B erhalten Sie ebenfalls mit Hilfe der kumulierten Normalverteilung.

b) Bestimmen Sie die Stelle, bei der das Maximum der Glockenkurve liegt und den zugehörigen Funktionswert $\varphi(\mu) \approx \frac{0{,}4}{\sigma}$. Beachten Sie, dass die Wendestellen der Glockenkurve bei $x_1 = \mu - \sigma$ und $x_2 = \mu + \sigma$ liegen und skalieren Sie damit die Achsen. Überlegen Sie, welcher Wahrscheinlichkeit die graue Fläche unter der Glockenkurve entspricht.

c) Beachten Sie das Gewicht eines Eis der Gewichtsklasse M. Überlegen Sie, welcher Fläche unter der Glockenkurve die Wahrscheinlichkeit entspricht und wie man den Flächeninhalt näherungsweise bestimmen kann.

d) Überlegen Sie anhand des Vergleichs der Erwartungswerte und der Standardabweichungen, um wie viele Einheiten die Glockenkurve der Hühnereier in x-Richtung verschoben und in x- und y-Richtung gestreckt werden muss.

Lösungen S 6

a) Legt man X als Zufallsvariable für das Gewicht eines Hühnereis fest, so ist X normalverteilt mit den Parametern $\mu = 60$ und $\sigma = 10$.
Die Wahrscheinlichkeit für das Ereignis A: »Das Ei hat Gewichtsklasse S, wiegt also weniger als 53 Gramm.», erhält man mithilfe der kumulierten Normalverteilung:

$$P(A) = P(X < 53) \approx 0,2420$$

Die Wahrscheinlichkeit für das Ereignis A beträgt etwa $24,2\,\%$.
Die Wahrscheinlichkeit für das Ereignis B: «Das Ei hat Gewichtsklasse XL, wiegt also mehr als 73 Gramm.» erhält man ebenfalls mit Hilfe der kumulierten Normalverteilung:

$$P(B) = P(X > 73) \approx 0,0968$$

Die Wahrscheinlichkeit für das Ereignis B beträgt etwa $9,7\,\%$.

b) Das Maximum der Glockenkurve liegt bei dem Wert $x = \mu = 60$ und hat den Funktionswert

$$\varphi(60) \approx \frac{0,4}{\sigma} = \frac{0,4}{10} = 0,04$$

Die Wendestellen der Glockenkurve liegen bei

$$x_1 = \mu - \sigma = 60 - 10 = 50$$

und

$$x_2 = \mu + \sigma = 60 + 10 = 70$$

Damit ergibt sich folgende Skalierung:

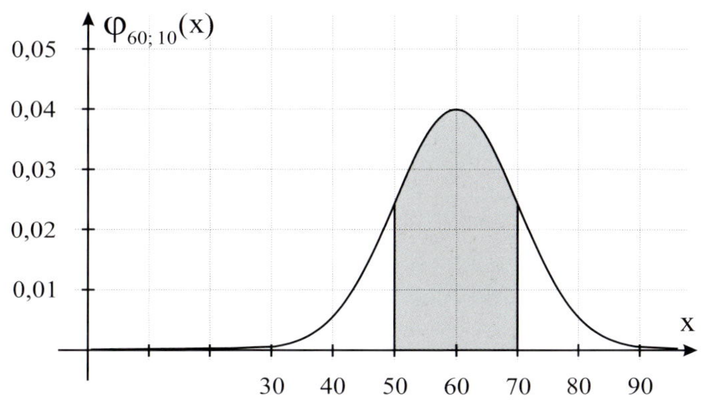

Der Flächeninhalt der grauen Fläche entspricht der Wahrscheinlichkeit, dass ein Hühnerei zwischen 50 und 70 Gramm wiegt.

c) Ein Ei der Gewichtsklasse M hat ein Gewicht zwischen 53 und 63 Gramm.
Anhand der gegebenen Abbildung kann man den Flächeninhalt unter der Glockenkuve im Intervall [53 ; 63] näherungsweise durch Abzählen der Kästchen bestimmen, und erhält damit die Wahrscheinlichkeit, mit der ein Ei dieser Gewichtsklasse angehört.

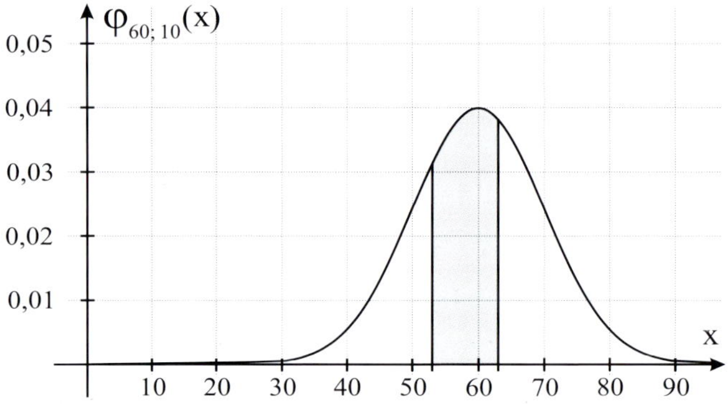

d) Da ein Entenei durchschnittlich 67 Gramm wiegt, gilt für den Erwartungswert: $\mu = 67$.
Somit muss die Glockenkurve der Hühnereier um 7 Einheiten nach rechts verschoben werden.
Für die Standardabweichung gilt: $\sigma = 7$. Da die Standardabweichung der Enteneier nur noch 70% der Standardabweichung der Hühnereier beträgt, muss die Glockenkurve der Hühnereier in x-Richtung mit dem Faktor $\frac{7}{10}$ gestreckt, also gestaucht werden, d.h. die Glockenkurve der Enteneier wird schmaler. Damit die Fläche unter der Glockenkurve gleich bleibt, muss sie noch in y-Richtung mit dem Faktor $\frac{10}{7}$ gestreckt werden, d.h. das Maximum der Glockenkurve der Enteneier ist bei $x = 67$ etwas höher als bei der ursprünglichen Glockenkurve der Hühnereier.

Stochastik S 7

Vorbereitungszeit: 20 Minuten, erlaubte Hilfsmittel: Taschenrechner (WTR)

Ein elektronisch gesteuerter Geldspielautomat hat zwei identische Walzen, die unabhängig voneinander eine der drei Früchte Apfel, Birne oder Zitrone anzeigen.
Die Anzeigewahrscheinlichkeit für jede Walze beträgt bei jedem Spiel für Apfel 10%, für Birne 30% und für Zitrone 60%.

a) Es wird 20-mal gespielt. Berechnen Sie die Wahrscheinlichkeiten für folgende Ereignisse:
A: Die rechte Walze zeigt genau siebenmal Apfel an.
B: Die rechte Walze zeigt mehr als zweimal Apfel an.
C: Die rechte Walze zeigt genau doppelt so oft wie erwartet Apfel an.

b) Der Spielautomat zahlt einen Gewinn aus, wenn beide Walzen die gleiche Frucht anzeigen.
Zeigen Sie, indem Sie ein geeignetes Baumdiagramm verwenden, dass die Gewinnwahrscheinlichkeit kleiner als $0,5$ ist.

c) Der Automat zahlt 200 ct aus, wenn «Doppelapfel» angezeigt wird.
Erläutern Sie, wie man die Auszahlungen für die Ereignisse «Doppelbirne» und «Doppelzitrone» berechnen kann, wenn folgende Bedingungen erfüllt sein sollen:
1. Der Einsatz bei einem Spiel beträgt 20 ct.
2. Das Spiel soll fair sein.
3. Der Auszahlungsbetrag soll beim Eintreffen von «Doppelbirne» viermal so hoch sein wie beim Eintreffen von «Doppelzitrone».

d) Bärbel spielt n-mal. Dabei sei n kleiner als 50. Das Ergebnis «Doppelzitrone» wird genauso oft angezeigt, wie man es erwarten würde. Erläutern Sie, wie man bestimmen kann, wie oft der Spielausgang «Doppelzitrone» war.

Tipps S 7

a) Bestimmen Sie die Wahrscheinlichkeit p, dass bei der rechten Walze Apfel erscheint. Legen Sie X als binomialverteilte Zufallsvariable für die Anzahl der angezeigten Äpfel mit den Parametern n und p fest.

Die Wahrscheinlichkeit für das Ereignis A: «Die rechte Walze zeigt genau siebenmal Apfel an.» erhalten Sie mit Hilfe der Binomialverteilung. Die Wahrscheinlichkeit für das Ereignis B: «Die rechte Walze zeigt mehr als zweimal Apfel an.» erhalten Sie mit Hilfe der Wahrscheinlichkeit des Gegenereignisses und der kumulierten Binomialverteilung. Bestimmen Sie den Erwartungswert $\mu = n \cdot p$ für «Apfel». Die Wahrscheinlichkeit für das Ereignis C: «Die rechte Walze zeigt genau doppelt so oft wie erwartet Apfel an.» erhalten Sie ebenfalls mit der Binomialverteilung.

b) Bezeichnen Sie mit A: Apfel, mit B: Birne und mit Z: Zitrone. Beachten Sie, dass die Wahrscheinlichkeiten bei jedem «Zug» gleich bleiben.

Die Wahrscheinlichkeit, dass ein Gewinn ausgezahlt wird, also dass beide Walzen die gleiche Frucht anzeigen, erhalten Sie mit Hilfe der 1. und 2. Pfadregel (Produkt- und Summenregel).

c) Bestimmen Sie die Wahrscheinlichkeiten für «Doppelapfel» P(AA), für «Doppelbirne» P(BB) und für «Doppelzitrone» P(ZZ).

Legen Sie X als Zufallsvariable für den Gewinn eines Spielers und x als Auszahlungsbetrag für «Doppelzitrone» fest und bestimmen Sie den Auszahlungsbetrag für «Doppelbirne» in Abhängigkeit von x. Bestimmen Sie den Erwartungswert E(X), indem Sie die Auszahlungsbeträge mit den zugehörigen Wahrscheinlichkeiten multiplizieren und die Ergebnisse addieren sowie den Einsatz subtrahieren. Da das Spiel fair sein soll, muss gelten $E(X) = 0$.

d) Legen Sie Y als binomialverteilte Zufallsvariable für die Anzahl der «Doppelzitronen» mit den Parametern n und $p = P(ZZ)$ fest.

Den Erwartungswert von Y bei n Spielen erhalten Sie durch: $E(Y) = \mu = n \cdot p$ in Abhängigkeit von n.

Beachten Sie, dass die Anzahl der «Doppelzitronen» eine natürliche Zahl und genauso groß wie der Erwartungswert sein soll. Überlegen Sie, welche Zahlen für n in Frage kommen.

Lösungen S 7

a) Die Wahrscheinlichkeit, dass bei der rechten Walze Apfel erscheint, ist $p = 10\% = 0,1$. Legt man X als Zufallsvariable für die Anzahl der Ereignisse, bei denen Apfel angezeigt wird, fest, so ist X binomialverteilt mit den Parametern $n = 20$ und $p = 0,1$.
Die Wahrscheinlichkeit für das Ereignis A: «Die rechte Walze zeigt genau siebenmal Apfel an.» erhält man mit Hilfe der Binomialverteilung:

$$P(A) = P(X = 7) \approx 0,0020$$

Die Wahrscheinlichkeit für das Ereignis A beträgt etwa $0,2\,\%$.
Die Wahrscheinlichkeit für das Ereignis B: «Die rechte Walze zeigt mehr als zweimal Apfel an.» erhält man mit Hilfe der Wahrscheinlichkeit des Gegenereignisses und der kumulierten Binomialverteilung:

$$P(B) = P(X > 2) = 1 - P(X \leqslant 2) \approx 0,3231$$

Die Wahrscheinlichkeit für das Ereignis B beträgt etwa $32,3\,\%$.
Die Wahrscheinlichkeit für das Ereignis C: «Die rechte Walze zeigt genau doppelt so oft wie erwartet Apfel an.» erhält man ebenfalls mit der Binomialverteilung. Bei 20 Spielen beträgt der Erwartungswert für «Apfel»: $\mu = n \cdot p = 20 \cdot 0,1 = 2$. Damit ist die Wahrscheinlichkeit gesucht, dass die rechte Walze genau viermal Apfel anzeigt:

$$P(C) = P(X = 4) \approx 0,0898$$

Die Wahrscheinlichkeit für das Ereignis C beträgt etwa $9,0\,\%$.

b) Bezeichnet man mit A: Apfel, mit B: Birne und mit Z: Zitrone, so erhält man folgendes Baumdiagramm:

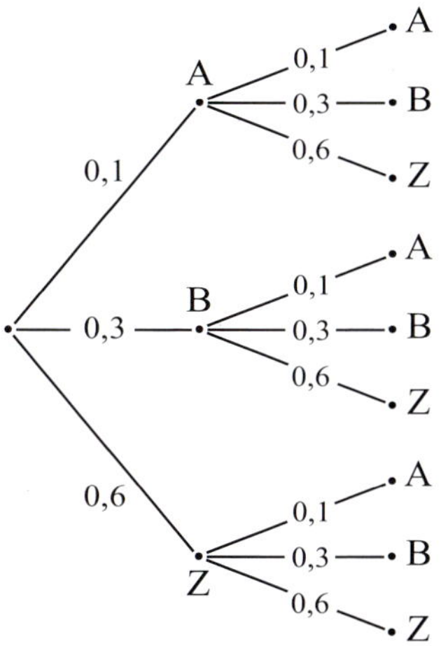

Die Wahrscheinlichkeit, dass ein Gewinn ausgezahlt wird, also dass beide Walzen die gleiche Frucht anzeigen, erhält man mit Hilfe der 1. und 2. Pfadregel (Produkt- und Summenregel):

$$\begin{aligned} \mathrm{P(Gewinn)} &= \mathrm{P(AA)} + \mathrm{P(BB)} + \mathrm{P(ZZ)} \\ &= 0,1 \cdot 0,1 + 0,3 \cdot 0,3 + 0,6 \cdot 0,6 \\ &= 0,46 \end{aligned}$$

Somit ist die Gewinnwahrscheinlichkeit kleiner als $0,5$.

c) Die Wahrscheinlichkeit für «Doppelapfel» beträgt $\mathrm{P(AA)} = 0,1 \cdot 0,1 = 0,01$.
Die Wahrscheinlichkeit für «Doppelbirne» beträgt $\mathrm{P(BB)} = 0,3 \cdot 0,3 = 0,09$.
Die Wahrscheinlichkeit für «Doppelzitrone» beträgt $\mathrm{P(ZZ)} = 0,6 \cdot 0,6 = 0,36$.
Man legt X als Zufallsvariable für den Gewinn eines Spielers und x als Auszahlungsbetrag für «Doppelzitrone» fest. Wenn der Einsatz bei einem Spiel 20 ct beträgt und der Auszahlungsbetrag beim Eintreffen von «Doppelbirne» viermal so hoch ist wie beim Eintreffen von «Doppelzitrone», so gilt für den Erwartungswert E von X:

$$\mathrm{E(X)} = 200\mathrm{ct} \cdot 0,01 + 4x \cdot 0,09 + x \cdot 0,36 - 20\mathrm{ct}$$

Da das Spiel fair sein soll, muss gelten:

$$\mathrm{E(X)} = 0$$

Löst man die Gleichung $\mathrm{E(X)} = 0$ nach x auf, erhält man den Auszahlungsbetrag für «Doppelzitrone» und entsprechend den Auszahlungsbetrag für «Doppelbirne» durch $4 \cdot x$.

d) Die Wahrscheinlichkeit für das Ereignis «Doppelzitrone» beträgt $\mathrm{p} = \mathrm{P(ZZ)} = 0,36$.
Legt man Y als Zufallsvariable für die Anzahl der «Doppelzitronen» fest, so ist Y binomialverteilt mit den Parametern n und $\mathrm{p} = 0,36$.
Der Erwartungswert von Y bei n Spielen beträgt:

$$\mathrm{E(Y)} = \mu = \mathrm{n} \cdot \mathrm{p} = \mathrm{n} \cdot 0,36 = \mathrm{n} \cdot \frac{36}{100} = \mathrm{n} \cdot \frac{9}{25}$$

Da die Anzahl der «Doppelzitronen» eine natürliche Zahl und genauso groß wie der Erwartungswert sein soll, muss n ein Vielfaches von 25 sein. Wegen $\mathrm{n} < 50$ kommt nur $\mathrm{n} = 25$ in Frage. Damit ergibt sich. $\mathrm{E(Y)} = 25 \cdot \frac{9}{25} = 9$.
Somit wurde 9-mal «Doppelzitrone» angezeigt.

Stochastik S 8

Vorbereitungszeit: 20 Minuten, erlaubte Hilfsmittel: Taschenrechner (WTR)

In einer Urne befinden sich fünf Kugeln, die jeweils mit einer natürlichen Zahl beschriftet sind. Drei Kugeln tragen die Zahl 4, die anderen beiden die Zahl 5.

a) Es werden drei Kugeln mit Zurücklegen gezogen.
Berechnen Sie die Wahrscheinlichkeiten folgender Ereignisse:
A: «Die Summe der Zahlen beträgt genau 14.»
B: «Es werden keine zwei gleichen Zahlen nacheinander gezogen.»

b) Es werden 20 Kugeln mit Zurücklegen gezogen.
Bestimmen Sie einen Rechenausdruck für die Wahrscheinlichkeit, dass genau 12 Kugeln mit der Zahl 4 gezogen werden und erläutern Sie Ihr Vorgehen.

Nun werden die beiden Kugeln mit der Zahl 5 ersetzt durch zwei Kugeln mit einer von 4 verschiedenen natürlichen Zahl x.

c) Im dargestellten Sachzusammenhang wird die Wahrscheinlichkeit eines Ereignisses mit dem Term $1 - 0,6^3$ berechnet.
Beschreiben Sie das zugrundeliegende Zufallsexperiment und das Ereignis.

d) Werden der Urne zwei Kugeln gleichzeitig entnommen, so ist der Erwartungswert für die Summe der beiden Zahlen auf den entnommenen Kugeln 12.
Erläutern Sie, wie man die Zahl x berechnen kann.

Tipps S 8

a) Verwenden Sie die Pfadregeln.

b) Beachten Sie, dass es sich um eine Bernoullikette handelt. Legen Sie X als binomialverteilte Zufallsvariable für die Anzahl der gezogenen Kugeln mit der Zahl 4 mit den Parametern n und p fest. Die gesuchte Wahrscheinlichkeit erhalten Sie mit Hilfe der Bernoulliformel:

$$P(X = k) = \binom{n}{k} \cdot p^k \cdot (1 - p)^{n-k}$$

Überlegen Sie die Bedeutung des Binomialkoeffizienten $\binom{n}{k}$.

c) Überlegen Sie, welche Kugel bei einmaligem Ziehen gezogen wird, damit die Wahrscheinlichkeit 0,6 beträgt. Überlegen Sie anhand des Terms, wie oft gezogen wird und ob es sich um Ziehen mit oder ohne Zurücklegen handelt. Beachten Sie, dass für die Wahrscheinlichkeit eines Gegenereignisses gilt: $P(\overline{A}) = 1 - P(A)$ bzw. $P(A) = 1 - P(\overline{A})$. Formulieren Sie damit ein Ereignis, welches zum angegebenen Term passt.

d) Den Erwartungswert E für die Summe der beiden Zahlen erhalten Sie, indem Sie die möglichen Summen mit den entsprechenden Wahrscheinlichkeiten multiplizieren und anschließend addieren. Beachten Sie, dass es sich beim gleichzeitigen Ziehen um Ziehen ohne Zurücklegen handelt. Stellen Sie anschließend eine Gleichung auf und lösen diese nach x auf.

Lösungen S 8

a) Die Wahrscheinlichkeit des Ereignisses A: «Die Summe der Zahlen beträgt genau 14.» erhält man mit Hilfe der Pfadregeln:

$$P(A) = P(455) + P(545) + P(554) = \frac{3}{5} \cdot \frac{2}{5} \cdot \frac{2}{5} + \frac{2}{5} \cdot \frac{3}{5} \cdot \frac{2}{5} + \frac{2}{5} \cdot \frac{2}{5} \cdot \frac{3}{5} = \frac{36}{125}$$

Die Wahrscheinlichkeit des Ereignisses B: «Es werden keine zwei gleichen Zahlen nacheinander gezogen.» erhält man ebenfalls mit Hilfe der Pfadregeln:

$$P(B) = P(454) + P(545) = \frac{3}{5} \cdot \frac{2}{5} \cdot \frac{3}{5} + \frac{2}{5} \cdot \frac{3}{5} \cdot \frac{2}{5} = \frac{30}{125}$$

b) Wenn 20 Kugeln mit Zurücklegen gezogen werden und es beim einmaligen Ziehen nur die beiden Ausgänge 4 oder 5 gibt, handelt es sich um eine Bernoullikette.
Legt man X als Zufallsvariable für die Anzahl der gezogenen Kugeln mit der Zahl 4 fest, so ist X binomialverteilt mit den Parametern $n = 20$ und $p = \frac{3}{5}$.
Die Wahrscheinlichkeit, dass genau 12 Kugeln mit der Zahl 4 gezogen werden, erhält man mit Hilfe der Bernoulliformel:

$$P(X = 12) = \binom{20}{12} \cdot \left(\frac{3}{5}\right)^{12} \cdot \left(1 - \frac{3}{5}\right)^{20-12} = \binom{20}{12} \cdot \left(\frac{3}{5}\right)^{12} \cdot \left(\frac{2}{5}\right)^{8}$$

Dabei beschreibt der Binomialkoeffizient $\binom{20}{12}$ die Anzahl der Möglichkeiten, von 20 gezogenen Kugeln 12 blaue zu ziehen.

c) Da drei von fünf Kugeln die Zahl 4 tragen, beträgt die Wahrscheinlichkeit, beim einmaligen Ziehen eine Kugel mit der Zahl 4 zu ziehen, $p = \frac{3}{5} = 0,6$. Beim dreimaligen Ziehen mit Zurücklegen beträgt die Wahrscheinlichkeit, jedes Mal eine Kugel mit der Zahl 4 zu ziehen, $P = 0,6^3$. Mithilfe des Terms $1 - 0,6^3$ wird die Wahrscheinlichkeit des Gegenereignisses dazu berechnet, also dass beim dreimaligen Ziehen mit Zurücklegen höchstens zwei Mal eine Kugel mit der Zahl 4 gezogen wird oder anders formuliert: Es wird mindestens eine Kugel mit der Zahl x gezogen.

d) Den Erwartungswert E für die Summe der beiden Zahlen erhält man, indem man die möglichen Summen mit den entsprechenden Wahrscheinlichkeiten multipliziert und anschließend addiert. Dabei ist zu beachten, dass es sich beim gleichzeitigen Ziehen um Ziehen ohne Zurücklegen handelt.

Man kann die Situation auch in einem Baumdiagramm veranschaulichen:

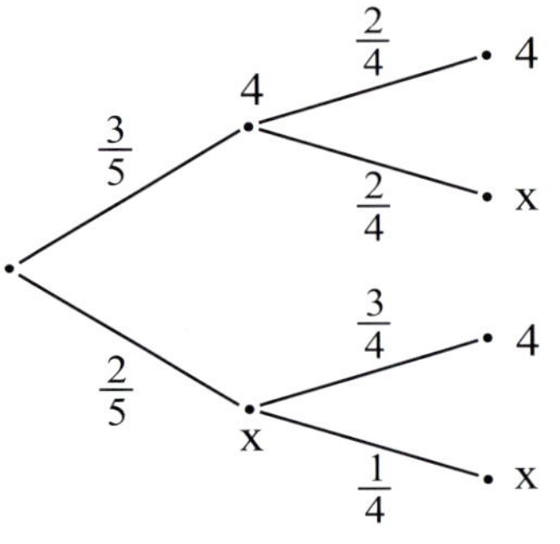

Damit gilt für den Erwartungswert E für die Summe der beiden Zahlen:

$$\begin{aligned} \mathrm{E} &= \frac{3}{5}\cdot\frac{2}{4}\cdot(4+4)+\frac{3}{5}\cdot\frac{2}{4}\cdot(4+x)+\frac{2}{5}\cdot\frac{3}{4}\cdot(x+4)+\frac{2}{5}\cdot\frac{1}{4}\cdot(x+x) \\ &= \frac{3}{10}\cdot 8+\frac{3}{10}\cdot 4+\frac{3}{10}\cdot x+\frac{3}{10}\cdot x+\frac{3}{10}\cdot 4+\frac{1}{10}\cdot 2x \\ &= \frac{48}{10}+\frac{8}{10}x \\ &= 4,8+0,8x \end{aligned}$$

Da der Erwartungswert 12 sein soll, löst man die Gleichung $\mathrm{E}=12$ nach x auf:

$$4,8+0,8x=12 \;\Rightarrow\; x=9$$

Somit tragen die beiden anderen Kugeln die Zahl 9.

Stochastik S 9

Vorbereitungszeit: 20 Minuten, erlaubte Hilfsmittel: Taschenrechner (WTR)

Eine Maschine stellt Nägel her. Bei einer Stichprobe werden 50 Nägel entnommen und jeweils die Länge (in mm) bestimmt:

Länge	47	48	49	50	51	52	53
Anzahl	0	5	10	20	10	5	0

a) Erläutern Sie, wie man den Erwartungswert und die Standardabweichung für die Länge der Nägel bestimmen kann.

b) Man geht davon aus, dass die Länge der Nägel normalverteilt ist mit $\mu = 50$ und $\sigma = 1,1$ (alle Angaben in mm).
Bestimmen Sie die Wahrscheinlichkeit folgender Ereignisse:
A: Ein Nagel ist mindestens 49mm lang.
B: Die Länge eines Nagels weicht um weniger als 1% vom Erwartungswert ab.

c) Die beiden abgebildeten Graphen sind mögliche Glockenkurven für obigen Sachverhalt.

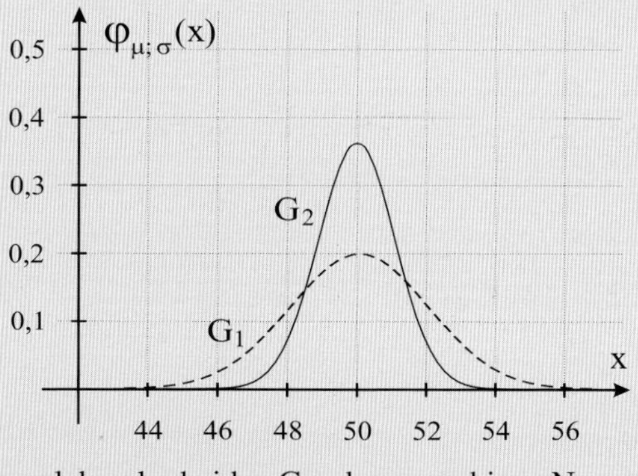

Begründen Sie, welcher der beiden Graphen zur obigen Normalverteilung gehört.
Geben Sie eine Normalverteilung an, zu der der andere Graph gehört.

d) Erläutern Sie den Unterschied zwischen einer stetigen und einer diskret verteilten Zufallsgröße.
Beschreiben Sie, wie man das Histogramm einer diskret verteilte Zufallsgröße erhalten kann., das eine ähnliche Form wie die Glockenkurve der Länge der Nägel mit $\mu = 50$ und $\sigma = 1,1$ hat.

Tipps S 9

a) Verwenden Sie die Definitionen für den Erwartungswert und die Standardabweichung.

b) Legen Sie X als normalverteilte Zufallsvariable für die Länge eines Nagels mit den Parametern μ und σ fest.
Die Wahrscheinlichkeit für das Ereignis A erhalten Sie mithilfe der kumulierten Normalverteilung. Bestimmen Sie 1% vom Erwartungswert und damit das zugehörige Intervall.
Die Wahrscheinlichkeit für das Ereignis B erhalten Sie mit Hilfe der kumulierten Normalverteilung.

c) Beachten Sie, dass für das Maximum der Glockenkurve gilt: $\varphi(\mu) \approx \frac{0,4}{\sigma}$.
Bestimmen Sie anhand des Maximums des anderen Graphen und der Formel $\varphi(\mu) \approx \frac{0,4}{\sigma}$ die Standardabweichung σ.

d) Überlegen Sie, welche Werte eine stetig verteilte Zufallsgröße, z.B. die Normalverteilung, annehmen kann, wie Sie graphisch dargestellt wird und wie man Wahrscheinlichkeiten berechnet. Überlegen Sie, welche Werte eine diskret verteilte Zufallsgröße, z.B. die Binomialverteilung annehmen kann, wie sie graphisch dargestellt wird und wie man Wahrscheinlichkeiten berechnet.
Beachten Sie, dass der Erwartungswert und die Standardabweichung gegeben sind und verwenden Sie die Formel $\mu = n \cdot p$ für den Erwartungswert und die Formel

$$\sigma = \sqrt{n \cdot p \cdot (1 - p)}$$

für die Standardabweichung einer Binomialverteilung.

Lösungen S 9

a) Den Erwartungswert μ für die Länge der Nägel erhält man, indem man die angegebenen Längen mit der zugehörigen Wahrscheinlichkeit multipliziert und die Ergebnisse addiert. Die Standardabweichung σ für die Länge der Nägel erhält man, indem man die Quadrate der Abweichungen vom Erwartungswert mit den zugehörigen Wahrscheinlichkeiten multipliziert, die Ergebnisse addiert und die Wurzel zieht.

b) Legt man X als Zufallsvariable für die Länge eines Nagels fest, so ist X normalverteilt mit den Parametern $\mu = 50$ und $\sigma = 1,1$.
Die Wahrscheinlichkeit für das Ereignis A: »Ein Nagel ist mindestens 49mm lang.», erhält man mithilfe der kumulierten Normalverteilung:

$$P(A) = P(X \geqslant 49) \approx 0,8183$$

Die Wahrscheinlichkeit für das Ereignis A beträgt etwa $81,8\,\%$.

1% vom Erwartungswert $\mu = 50$ ist $0,01 \cdot 50 = 0,5$.
Die Wahrscheinlichkeit für das Ereignis B: «Die Länge eines Nagels weicht um weniger als 1% vom Erwartungswert ab, ist also zwischen 49,5 und 50,5 mm lang.» erhält man mit Hilfe der kumulierten Normalverteilung:

$$P(B) = P(49,5 < X < 50,5) \approx 0,3506$$

Die Wahrscheinlichkeit für das Ereignis B beträgt etwa $35,1\,\%$.

c) Beide Graphen haben ihr Maximum bei $x = \mu = 50$, könnten also Glockenkurven der Normalverteilung der Länge der Nägel sein. Sie unterscheiden sich bezüglich ihrer Form und sie haben verschiedene Maximalwerte.
Für den Maximalwert einer Normalverteilung gilt: $\varphi(\mu) \approx \frac{0,4}{\sigma}$.
Wegen $\varphi(\mu) \approx \frac{0,4}{\sigma} = \frac{0,4}{1,1} = 0,36$ gehört nur der Graph G2 zur obigen Normalverteilung.
Eine Normalverteilung, zu der Graph G1 gehört, hat den Erwartungswert $\mu = 50$, da das Maximum bei $x = 50$ liegt. Die zugehörige Standardabweichung σ erhält man mit Hilfe der Formel $\varphi(\mu) \approx \frac{0,4}{\sigma}$:

$$\varphi(\mu) \approx \frac{0,4}{\sigma} \Rightarrow \sigma \approx \frac{0,4}{\varphi(\mu)} = \frac{0,4}{0,2} = 2$$

Somit gehört die Normalverteilung mit $\mu = 50$ und $\sigma = 2$ zum Graph G1.

d) Eine stetig verteilte Zufallsgröße kann alle beliebigen Werte auf einem Intervall annehmen, eine diskret verteilte Zufallsgröße kann nur bestimmte Werte, z.B. ganzzahlige Werte annehmen. Ein Beispiel für eine stetig verteilte Zufallsgröße ist die Normalverteilung, deren Graph eine Glockenkurve ist, dessen Maximum beim Erwartungswert $x = \mu$ liegt. Der Flächeninhalt unter der Kurve in einem bestimmten Intervall gibt die Wahrscheinlichkeit für dieses Intervall an. Ein Beispiel einer diskret verteilten Zufallsgröße ist die Binomialverteilung, die graphisch als Histogramm dargestellt werden kann. Die Höhe eines Balkens gibt die Wahrscheinlichkeit für einen bestimmten Wert an.

Eine diskret verteilte Zufallsgröße, deren Histogramm eine ähnliche Form wie die Glockenkurve der Länge der Nägel mit $\mu = 50$ und $\sigma = 1,1$ hat, ist beispielsweise die Binomialverteilung. Um die Parameter n und p der Binomialverteilung zu bestimmen, verwendet man die Formel $\mu = \mathrm{n} \cdot \mathrm{p}$ für den Erwartungswert und die Formel $\sigma = \sqrt{\mathrm{n} \cdot \mathrm{p} \cdot (1 - \mathrm{p})}$ für die Standardabweichung einer Binomialverteilung. Setzt man die gegebenen Werte ein, erhält man ein Gleichungssystem mit den beiden Unbekannten n und p. Durch Lösen des Gleichungssystems erhält man den Stichprobenumfang n und die Trefferwahrscheinlichkeit p.

Stochastik S 10

Vorbereitungszeit: 20 Minuten, erlaubte Hilfsmittel: Taschenrechner (WTR)

In einem Gefäß G_1 sind 6 schwarze und 4 weiße Kugeln.
In einem Gefäß G_2 sind 3 schwarze und 7 weiße Kugeln.

a) Aus Gefäß G_1 wird 20 Mal eine Kugel mit Zurücklegen gezogen.
Bestimmen Sie die Wahrscheinlichkeit folgender Ereignisse:
A: Es wird mindestens 12 Mal eine schwarze Kugel gezogen.
B: Es werden genau so viele schwarze Kugeln gezogen wie man erwartet.

b) Aus Gefäß G_1 werden 3 Kugeln gleichzeitig gezogen.
Geben Sie einen Rechenausdruck für die Wahrscheinlichkeit des Ereignisses C: «genau 2 weiße Kugeln werden gezogen.» an.

c) Aus Gefäß G_2 wird fünf Mal eine Kugel mit Zurücklegen gezogen.
Beschreiben Sie, wie man die Wahrscheinlichkeit, dass genau 2 schwarze Kugeln gezogen werden, und zwar bei direkt aufeinander folgenden Zügen, berechnen kann.

d) Aus G_1 und G_2 wird jeweils fünf Mal eine Kugel mit Zurücklegen gezogen.
Erläutern Sie, wie man die Wahrscheinlichkeit, dass insgesamt mindestens neun schwarze Kugeln gezogen werden, bestimmen kann.

Tipps S 10

a) Legen Sie X als binomialverteilte Zufallsvariable für die Anzahl der schwarzen Kugeln bei 20 gezogenen Kugeln fest und bestimmen Sie die Parameter n und p. Die Wahrscheinlichkeit für das Ereignis A erhalten Sie mithilfe der kumulierten Binomialverteilung sowie der Wahrscheinlichkeit des Gegenereignisses. Zur Bestimmung der Wahrscheinlichkeit des Ereignisses B berechnen Sie zuerst den Erwartungswert von X mit Hilfe der Formel $E(X) = \mu = n \cdot p$. Anschließend verwenden Sie die Binomialverteilung.

b) Beachten Sie, dass es sich beim gleichzeitigen Ziehen von drei Kugeln um Ziehen ohne Zurücklegen handelt und sich damit die Wahrscheinlichkeiten bei jedem Zug ändern.
Die Wahrscheinlichkeit für das Ereignis C erhalten Sie mithilfe der Pfadregeln.

c) Verwenden Sie für das 5-malige Ziehen einer Kugel aus Gefäß G_2 die Pfadregeln. Überlegen Sie, wie viele Möglichkeiten es gibt, dass genau zwei schwarze Kugeln bei direkt aufeinander folgenden Zügen gezogen werden. Da es sich um Ziehen mit Zurücklegen handelt, ist die Wahrscheinlichkeit für jede Möglichkeit genau gleich groß.

d) Überlegen Sie, aus welchen drei Ereignissen E_1, E_2 und E_3 sich das Ereignis E: «Es werden mindestens neun schwarze Kugeln gezogen» zusammensetzt.
Legen Sie X als binomialverteilte Zufallsvariable für die Anzahl der schwarzen Kugeln aus G_1 mit den Parametern n und p_1 fest.
Legen Sie Y als binomialverteilte Zufallsvariable für die Anzahl der schwarzen Kugeln aus G_2 mit den Parametern n und p_2 fest.
Bestimmen Sie die Wahrscheinlichkeiten der Ereignisse E_1, E_2 und E_3 in Abhängigkeit von den Wahrscheinlichkeiten der Zufallsvariablen X und Y.

Lösungen S 10

a) Wenn aus Gefäß G_1 20 Mal eine Kugel mit Zurücklegen gezogen wird, handelt es sich um ein Bernoulli-Experiment, da es nur die Ausgänge «schwarz» oder «weiß» gibt. Die Trefferwahrscheinlichkeit für «schwarz» beträgt $p = \frac{6}{10} = 0{,}6$. Da 20 Mal eine Kugel gezogen wird, ist die Länge der Bernoullikette $n = 20$. Legt man X als Zufallsvariable für die Anzahl der schwarzen Kugeln fest, so ist X binomialverteilt mit den Parametern $n = 20$ und $p = 0{,}6$.

Die Wahrscheinlichkeit für das Ereignis A: »mindestens 12 Mal wird eine schwarze Kugel gezogen», erhält man mithilfe der Wahrscheinlichkeit des Gegenereignisses:

$$P(A) = P(X \geqslant 12) = 1 - P(X \leqslant 11) \approx 1 - 4044 = 0{,}5956$$

Die Wahrscheinlichkeit für das Ereignis A beträgt etwa 59,6 %.

Um die Wahrscheinlichkeit für das Ereignis B: «Es werden genau so viele schwarze Kugeln gezogen wie man erwartet.» zu bestimmen, berechnet man zuerst den Erwartungswert von X:

$$E(X) = \mu = n \cdot p = 20 \cdot 0{,}6 = 12$$

Damit erhält man mit Hilfe der Binomialverteilung:

$$P(B) = P(X = 12) \approx 0{,}1797$$

Die Wahrscheinlichkeit für das Ereignis B beträgt etwa 18,0 %.

b) Wenn aus Gefäß G_1 3 Kugeln gleichzeitig gezogen werden, handelt es sich um Ziehen ohne Zurücklegen.

Die Wahrscheinlichkeit für das Ereignis C: »es werden genau 2 weiße Kugeln gezogen» erhält man mithilfe der Pfadregeln. Bezeichnet man mit s: schwarze Kugel und mit w: weiße Kugel, so ergibt sich:

$$\begin{aligned} P(C) &= P(sww) + P(wsw) + P(wws) \\ &= \frac{6}{10} \cdot \frac{4}{9} \cdot \frac{3}{8} + \frac{4}{10} \cdot \frac{6}{9} \cdot \frac{3}{8} + \frac{4}{10} \cdot \frac{3}{9} \cdot \frac{6}{8} \end{aligned}$$

c) Wenn aus Gefäß G_2 5 Mal eine Kugel mit Zurücklegen gezogen wird, erhält man die Wahrscheinlichkeit für das Ereignis D: »genau 2 schwarze Kugeln werden bei direkt aufeinander folgenden Zügen gezogen» mithilfe der Pfadregeln. Bezeichnet man mit s: schwarze Kugel und mit w: weiße Kugel, so ergibt sich:

$$\begin{aligned} P(D) &= P(sswww) + P(wssww) + P(wwssw) + P(wwwss) \\ &= \left(\frac{3}{10}\right)^2 \cdot \left(\frac{7}{10}\right)^3 \cdot 4 \end{aligned}$$

d) Wenn aus beiden Gefäßen insgesamt mindestens neun schwarze Kugeln gezogen werden, so setzt sich dieses Ereignis E aus drei Ereignissen zusammen:

- E_1: Aus G_1 werden genau vier schwarze Kugeln und aus G_2 werden fünf schwarze Kugeln gezogen.
- E_2: Aus G_1 werden fünf schwarze Kugeln und aus G_2 werden genau vier schwarze Kugeln gezogen.
- E_3: Aus G_1 und aus G_2 werden jeweils fünf schwarze Kugeln gezogen.

Legt man X als Zufallsvariable für die Anzahl der schwarzen Kugeln aus G_1 fest, so ist X binomialverteilt mit den Parametern $n = 5$ und $p_1 = 0,6$.
Legt man Y als Zufallsvariable für die Anzahl der schwarzen Kugeln aus G_2 fest, so ist Y binomialverteilt mit den Parametern $n = 5$ und $p_2 = 0,3$.
Da das Ziehen aus G_1 unabhängig vom Ziehen aus G_2 ist, erhält man folgendes Baumdiagramm:

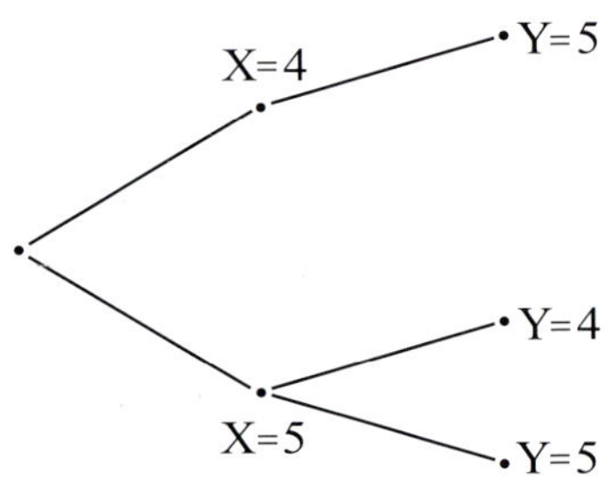

Damit gilt:

$$P(E_1) = P(X = 4) \cdot P(Y = 5)$$
$$P(E_2) = P(X = 5) \cdot P(Y = 4)$$
$$P(E_3) = P(X = 5) \cdot P(Y = 5)$$

Somit ergibt sich:

$$P(E) = P(E_1) + P(E_2) + P(E_3)$$

Stochastik S 11

Vorbereitungszeit: 20 Minuten, erlaubte Hilfsmittel: Taschenrechner (WTR)

Ein Mineralwasserproduzent muss Pfandflaschen vor einer erneuten Befüllung auf nicht entfernbare Rückstände sowie auf Defekte untersuchen und ggf. direkt aussortieren. Der Prozessablauf, den jede einzelne Flasche durchläuft, ist im Folgenden dargestellt:

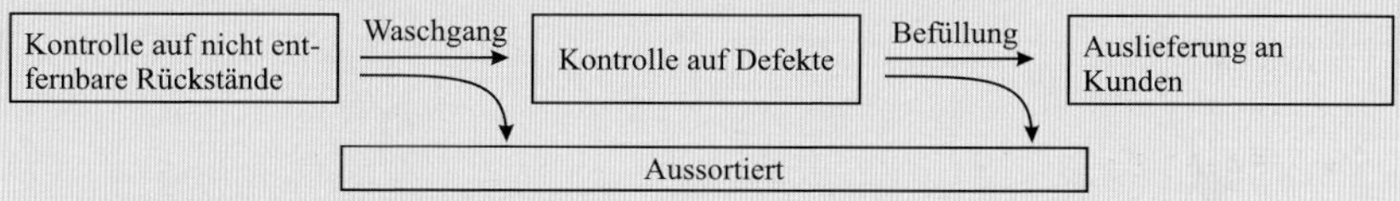

Beim Produzenten Sauberwasser weiß man:

- 99% aller Flaschen durchlaufen den Waschgang.
- 96% aller Flaschen werden befüllt, haben also weder nicht entfernbare Rückstände noch einen Defekt.

a) Berechnen Sie die Wahrscheinlichkeit folgender Ereignisse:
A: Von 5 Flaschen werden 5 befüllt.
B: Von 200 Flaschen werden mehr als 197 Flaschen gewaschen.
C: Von 15 Flaschen wird genau eine Flasche nicht befüllt.

Trotz aller Qualitätskontrollen können nicht alle fehlerhaften Flaschen erkannt werden. Erfahrungsgemäß sind 0,5% aller ausgelieferten Flaschen fehlerhaft.
Der Produzent kontrolliert vor der Auslieferung an die Kunden bei einer Stichprobe 500 Flaschen auf Fehler.

b) Berechnen Sie den Erwartungswert und die Standardabweichung für die Anzahl X der fehlerhaften Flaschen in dieser Stichprobe.

c) Im Diagramm ist die Wahrscheinlichkeitsverteilung der Zufallsvariablen für die Anzahl der fehlerhaften Flaschen der obigen Stichprobe dargestellt. Begründen Sie, dass das Diagramm die Verteilung von X darstellt.

d) Bestimmen Sie mithilfe des Diagramms näherungsweise die Wahrscheinlichkeit, dass die Anzahl der fehlerhaften Flaschen im Intervall $[\mu - \sigma ; \mu + \sigma]$ liegt.

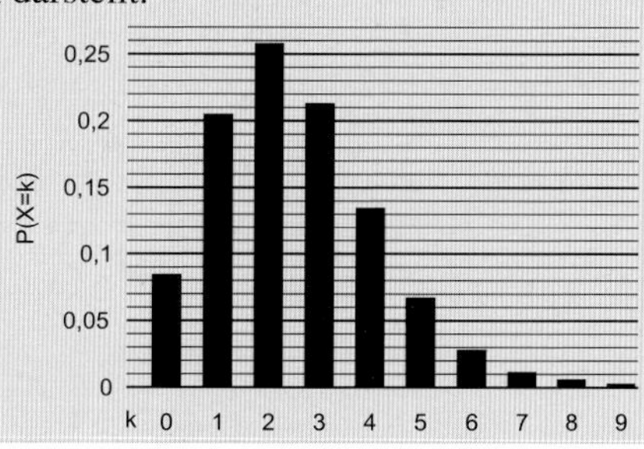

Tipps S 11

a) Die Wahrscheinlichkeit des Ereignisses A erhalten Sie mit Hilfe der Pfadregeln.
Legen Sie X als binomialverteilte Zufallsvariable für die Anzahl der Flaschen, die gewaschen werden, mit den Parametern n und p fest. Die Wahrscheinlichkeit für das Ereignis B erhalten Sie mit Hilfe der Wahrscheinlichkeit des Gegenereignisses und der kumulierten Binomialverteilung.
Legen Sie Y als binomialverteilte Zufallsvariable für die Anzahl der Flaschen, die nicht befüllt werden, mit den Parametern n und p fest. Die Wahrscheinlichkeit für das Ereignis C erhalten Sie mit Hilfe der Binomialverteilung.

b) Legen Sie X als binomialverteilte Zufallsvariable für die Anzahl der fehlerhaften Flaschen mit den Parametern n und p fest. Den Erwartungswert E von X erhalten Sie durch

$$E(X) = \mu = n \cdot p$$

Die dazugehörige Standardabweichung σ von X erhalten Sie durch

$$\sigma(X) = \sqrt{n \cdot p \cdot (1-p)}$$

c) Bestimmen Sie das Maximum des Diagramms und vergleichen Sie die Maximalstelle mit dem Erwartungswert.

d) Bestimmen Sie das Intervall $[\mu - \sigma\,;\, \mu + \sigma]$ und ermitteln Sie grafisch anhand der Abbildung die entsprechende Wahrscheinlichkeit.

Lösungen S 11

a) Die Wahrscheinlichkeit des Ereignisses A: «Von 5 Flaschen werden 5 befüllt.» erhält man mit Hilfe der Pfadregeln:

$$P(A) = 0,96 \cdot 0,96 \cdot 0,96 \cdot 0,96 \cdot 0,96 = 0,96^5 \approx 0,8154$$

Somit beträgt die Wahrscheinlichkeit für das Ereignis A etwa $81,5\,\%$.

Legt man X als Zufallsvariable für die Anzahl der Flaschen, die gewaschen werden, fest, so ist X binomialverteilt mit den Parametern $n = 200$ und $p = 0,99$. Die Wahrscheinlichkeit für das Ereignis B erhalten Sie mit Hilfe der Wahrscheinlichkeit des Gegenereignisses und der kumulierten Binomialverteilung:

$$P(B) = P(X > 197) = 1 - P(X \leqslant 197) \approx 1 - 0,3233 = 0,6767$$

Somit beträgt die Wahrscheinlichkeit für das Ereignis B etwa $67,7\,\%$.

Legt man Y als Zufallsvariable für die Anzahl der Flaschen, die nicht befüllt werden, fest, so ist Y binomialverteilt mit den Parametern $n = 15$ und $p = 1 - 0,96 = 0,04$.
Die Wahrscheinlichkeit für das Ereignis C: «Von 15 Flaschen wird genau eine Flasche nicht befüllt.» erhält man mit Hilfe der Binomialverteilung:

$$P(C) = P(X = 1) \approx 0,3388$$

Somit beträgt die Wahrscheinlichkeit für das Ereignis C etwa $33,9\,\%$.

b) Die Wahrscheinlichkeit dafür, dass eine ausgelieferte Flasche fehlerhaft ist, beträgt

$$p = 0,5\% = 0,005$$

Die Stichprobe besteht aus 500 Flaschen, also $n = 500$.
Legt man X als Zufallsvariable für die Anzahl X der fehlerhaften Flaschen dieser Stichprobe fest, so ist X binomialverteilt mit den Parametern $n = 500$ und $p = 0,005$.
Den Erwartungswert E von X erhält man durch $E(X) = \mu = n \cdot p$. Damit ergibt sich:

$$E(X) = 500 \cdot 0,005 = 2,5$$

Die zugehörige Standardabweichung σ von X erhält man durch $\sigma(X) = \sqrt{n \cdot p \cdot (1-p)}$.
Damit erhält man:

$$\sigma(X) = \sqrt{500 \cdot 0,005 \cdot (1 - 0,005)} \approx 1,58$$

c) Da das Maximum des Diagramms bei $k = 2$ liegt und $\mu = 2,5$ der Erwartungswert von X ist, kann das Diagramm die Verteilung von X darstellen.

d) Mit $\mu = 2,5$ und $\sigma = 1,58$ ergibt sich für das Intervall $[\mu - \sigma\,;\,\mu + \sigma]$:

$$[2,5 - 1,58\,;\,2,5 + 1,58] = [0,92\,;\,4,08]$$

Anhand der Abbildung kann man die zugehörige Wahrscheinlichkeit näherungsweise grafisch ablesen:

$$\begin{aligned} P(1 \leqslant X \leqslant 4) &= P(X = 1) + P(X = 2) + P(X = 3) + P(X = 4) \\ &\approx 0,2 + 0,26 + 0,21 + 0,13 \\ &= 0,8 \end{aligned}$$

Stochastik S 12

Vorbereitungszeit: 20 Minuten, erlaubte Hilfsmittel: Taschenrechner (WTR)

Die Größe von Frauen in einem Land ist normalverteilt mit $\mu = 165,4$ und $\sigma = 4,5$ (alle Angaben in cm).

a) Berechnen Sie die Wahrscheinlichkeit folgender Ereignisse:
A: Eine Frau ist kleiner als $1,60$m.
B: Eine Frau ist größer als $1,75$m.

b) In der Abbildung ist der Graph der zu dieser Situation gehörenden Glockenkurve gezeichnet.

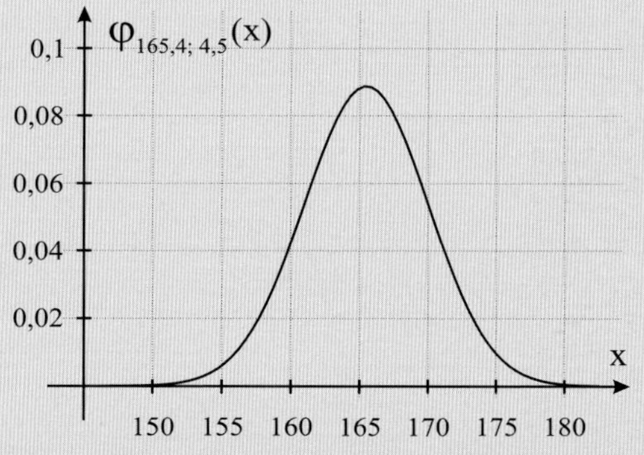

Erläutern Sie die Bedeutung der Wendestellen im Sachzusammenhang.
Erläutern Sie, wie man anhand der gegebenen Abbildung die Wahrscheinlichkeit für das Ereignis C: «Eine Frau ist zwischen $1,70$m und $1,80$m groß.» bestimmen kann.

c) Beschreiben Sie, wie sich die Glockenkurve ändert, wenn
I) μ kleiner wird
II) σ größer wird.

d) Die Wahrscheinlichkeit, dass eine Frau kleiner als $1,58$m ist, beträgt 5%.
Bei einer Stichprobe von 200 Frauen wird jeweils die Größe bestimmt.
Geben Sie einen Term an, mit dem man die Wahrscheinlichkeit dafür berechnen kann, dass unter diesen 200 Frauen mehr als 2 Frauen kleiner als $1,58$m sind. Erläutern Sie Ihr Vorgehen.

Tipps S 12

a) Legen Sie X als normalverteilte Zufallsvariable für die Größe einer Frau mit den Parametern μ und σ fest. Die Wahrscheinlichkeit für das Ereignis A erhalten Sie mithilfe der kumulierten Normalverteilung.
Die Wahrscheinlichkeit für das Ereignis B erhalten Sie ebenfalls mithilfe der kumulierten Normalverteilung.

b) Beachten Sie, dass für die Wendestellen der Glockenkurve einer Normalverteilung gilt: $x_1 = \mu - \sigma$ und $x_2 = \mu + \sigma$.
Bestimmen Sie die Wendestellen im Sachzusammenhang und beachten Sie, dass gilt:

$$P(\mu - \sigma < X < \mu + \sigma) \approx 68\%$$

Die Wahrscheinlichkeit für das Ereignis C erhalten Sie anhand der gegebenen Abbildung, indem Sie den Flächeninhalt unter der Glockenkurve im zugehörigen Intervall (durch Abzählen der Kästchen) bestimmen.

c) I) Beachten Sie, dass bei $x = \mu$ das Maximum ist und überlegen Sie, ob sich die Form der Glockenkurve ändert.
II) Überlegen Sie, ob das Maximum bei $x = \mu$ bleibt und wie sich die Form der Glockenkurve durch Streckung in x- und y-Richtung ändert. Beachten Sie, dass die Wendestellen der Glockenkurve bei $x_1 = \mu - \sigma$ und $x_2 = \mu + \sigma$ liegen und das Maximum den Funktionswert $\varphi(\mu) \approx \frac{0{,}4}{\sigma}$ hat.

d) Beachten Sie, dass es sich bei der Stichprobe jeweils um ein Bernoulli-Experiment handelt. Legen Sie X als binomialverteilte Zufallsvariable für die Anzahl der Frauen, die kleiner als $1{,}58$m sind, mit den Parametern n und p fest. Die gesuchte Wahrscheinlichkeit erhalten Sie mit Hilfe der Wahrscheinlichkeit des Gegenereignisses und der Bernoulli-Formel.

Lösungen S 12

a) Legt man X als Zufallsvariable für die Größe einer Frau fest, so ist X normalverteilt mit den Parametern $\mu = 165,4$ und $\sigma = 4,5$.
Die Wahrscheinlichkeit für das Ereignis A: »Eine Frau ist kleiner als 1,60m.» erhält man mithilfe der kumulierten Normalverteilung:

$$P(A) = P(X < 160) \approx 0,1151$$

Die Wahrscheinlichkeit für das Ereignis A beträgt etwa 11,5 %.
Die Wahrscheinlichkeit für das Ereignis B: «Eine Frau ist größer als 1,75m.» erhält man ebenfalls mithilfe der kumulierten Normalverteilung:

$$P(B) = P(X > 175) \approx 0,0164$$

Die Wahrscheinlichkeit für das Ereignis B beträgt etwa 1,6 %.

b) Für die Wendestellen der Glockenkurve einer Normalverteilung gilt:

$$x_1 = \mu - \sigma$$

und

$$x_2 = \mu + \sigma$$

Im Sachzusammenhang gilt daher:

$$x_1 = 165,4 - 4,5 = 160,9$$

und

$$x_2 = 165,4 + 4,5 = 169,9$$

Somit beträgt die Wahrscheinlichkeit, dass eine Frau zwischen 1,61m und 1,70m groß ist, etwa 68%.

Die Wahrscheinlichkeit für das Ereignis C: «Eine Frau ist zwischen $1,70$m und $1,80$m groß.» erhält man anhand der gegebenen Abbildung, indem man den Flächeninhalt unter der Glockenkurve im Intervall $[170;180]$ (durch Abzählen der Kästchen) bestimmt:

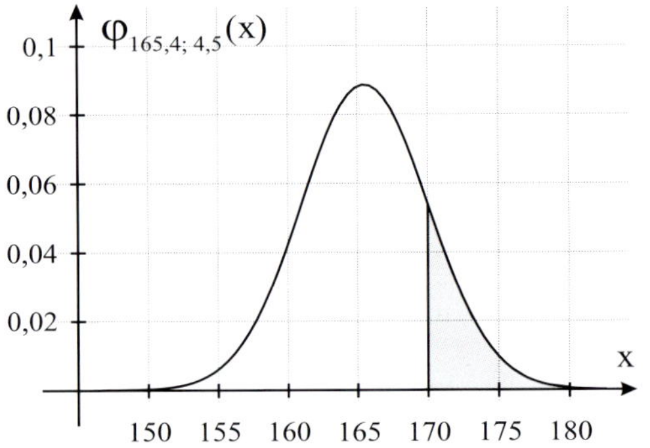

c) I) Wenn μ kleiner wird, wird die Glockenkurve nach links verschoben, da bei $x = \mu$ das Maximum ist. Die Form der Glockenkurve ändert sich dabei nicht.

II) Wenn σ größer wird, bleibt das Maximum bei $x = \mu$. Die Form der Glockenkurve ändert sich. Sie wird in x-Richtung gestreckt und gleichzeitig in y-Richtung gestaucht, damit der Flächeninhalt unter der Kurve gleich bleibt.

d) Die Wahrscheinlichkeit, dass eine Frau kleiner als $1,58$ m ist, beträgt 5%. Bei einer Stichprobe mit 200 Frauen wird festgestellt, ob eine Frau kleiner als $1,58$ m ist oder nicht. Damit handelt es sich jeweils um ein Bernoulli-Experiment. Legt man X als Zufallsvariable für die Anzahl der Frauen, die kleiner als $1,58$ m sind, fest, so ist X binomialverteilt mit den Parametern $n = 200$ und $p = 0,05$.
Die Wahrscheinlichkeit, dass unter diesen 200 Frauen mehr als 2 Frauen kleiner als $1,58$m sind, erhält man mit Hilfe der Wahrscheinlichkeit des Gegenereignisses und der Bernoulli-Formel:

$$\begin{aligned} P(X > 2) &= 1 - P(X \leqslant 2) \\ &= 1 - (P(X=0) + P(X=1) + P(X=2)) \\ &= 1 - \left(\binom{200}{0} \cdot 0,05^0 \cdot 0,95^{200} + \binom{100}{1} \cdot 0,05^1 \cdot 0,95^{199} + \binom{100}{2} \cdot 0,05^2 \cdot 0,95^{198} \right) \end{aligned}$$

Stochastik S 13

Vorbereitungszeit: 20 Minuten, erlaubte Hilfsmittel: Taschenrechner (WTR)

In der Kundendatei eines Reisebüros befinden sich tausende Kundendaten. Dieses Reisebüro bietet auch Fahrten mit einem Ausflugsschiff an.
6% aller Kunden haben bisher schon einmal eine solche Fahrt gebucht und wurden in der Datei mit einem «S» markiert. Es werden nun 550 Kunden zufällig aus der Kundendatei ausgewählt.

a) Berechnen Sie die Wahrscheinlichkeit folgender Ereignisse:
A: Es sind mehr als 40, aber höchstens 50 der ausgewählten Kunden mit einem «S» gekennzeichnet.
B: Es sind unter den ausgewählten Kunden weniger mit einem «S» gekennzeichnet, als es zu erwarten ist.

b) Geben Sie im Sachzusammenhang ein Ereignis C an, dessen Wahrscheinlichkeit $0{,}94^{550}$ beträgt.

Möchte man an einer Fahrt teilnehmen, so muss man dafür im Voraus eine Reservierung vornehmen. Nach der Erfahrung des Reisebüros treten nur 90% der Personen, die eine Fahrt reserviert haben, auch zur Fahrt an.

Das Reisebüro nimmt für jede Fahrt immer 64 Reservierungen an, obwohl nur 60 Plätze auf dem Schiff vorhanden sind. Erscheinen mehr als 60 Personen mit Reservierung zur Fahrt, so müssen die überzähligen Personen abgewiesen werden.
Die Zufallsgröße X beschreibt die Anzahl der Personen mit Reservierung, die zu der Fahrt erscheinen.

c) Geben Sie im Sachzusammenhang einen Grund dafür an, dass die Zufallsgröße X im Allgemeinen nicht binomialverteilt ist.

d) Im Folgenden wird dennoch vereinfachend angenommen, dass die Zufallsgröße X binomialverteilt ist. Außerdem wird vorausgesetzt, dass für jede Fahrt 64 Reservierungen vorliegen.
Bestimmen Sie die Wahrscheinlichkeit dafür, dass bei einer Fahrt mindestens eine Person mit Reservierung abgewiesen werden muss.

Tipps S 13

a) Legen Sie X als binomialverteilte Zufallsgröße für die Anzahl der Kunden mit einem «S» mit den Parametern n und p fest. Die Wahrscheinlichkeit des Ereignisses A erhalten Sie mithilfe der kumulierten Binomialverteilung.
Den Erwartungswert von X erhalten Sie mit der Formel $E(X) = \mu = n \cdot p$. Die Wahrscheinlichkeit des Ereignisses B erhalten Sie mithilfe der kumulierten Binomialverteilung.

b) Bestimmen Sie die Wahrscheinlichkeit, dass ein Kunde nicht mit einem «S» gekennzeichnet ist, mithilfe der Wahrscheinlichkeit des Gegenereignisses. Legen Sie Y als binomialverteilte Zufallsgröße für die Anzahl der Kunden ohne «S» mit den Parametern n und p fest. Formen Sie das angegebene Ergebnis mithilfe der Bernoulliformel um. Formulieren Sie damit das Ereignis C.

c) Überlegen Sie, ob alle Personen, die eine Fahrt reservieren, dies unabhängig voneinander tun.

d) Legen Sie X als binomialverteilte Zufallsgröße für die Anzahl der Personen mit Reservierung, die zu der Fahrt erscheinen, mit den Parametern n und p fest. Bestimmen Sie die Wahrscheinlichkeit, dass mehr als 60 Personen reserviert haben, mithilfe der kumulierten Binomialverteilung und der Wahrscheinlichkeit des Gegenereignisses.

Lösungen S 13

a) Legt man X als Zufallsgröße für die Anzahl der Kunden mit einem «S» fest, so ist X binomialverteilt mit den Parametern $n = 550$ und $p = 0{,}06$.
Die Wahrscheinlichkeit des Ereignisses A: «Von 550 zufällig ausgewählten Kunden sind mehr als 40, aber höchstens 50 der ausgewählten Kunden mit einem «S» gekennzeichnet.» erhält man mithilfe der kumulierten Binomialverteilung:

$$P(A) = P(40 < X \leqslant 50) = P(X \leqslant 50) - P(X \leqslant 40) \approx 0{,}9984 - 0{,}9080 = 0{,}0904$$

Die Wahrscheinlichkeit für das Ereignis A beträgt etwa 9,0 %.

Den Erwartungswert von X erhält man mit der Formel $E(X) = \mu = n \cdot p$:

$$E(X) = 550 \cdot 0{,}06 = 33$$

Die Wahrscheinlichkeit des Ereignisses B: «Unter den 550 zufällig ausgewählten Kunden sind weniger mit einem «S» gekennzeichnet, als es zu erwarten ist, also weniger als 33 Kunden.», erhält man mithilfe der kumulierten Binomialverteilung:

$$P(B) = P(X < 33) = P(X \leqslant 32) \approx 0{,}4747$$

Die Wahrscheinlichkeit für das Ereignis B beträgt etwa 47,5 %.

b) Die Wahrscheinlichkeit, dass ein Kunde nicht mit einem «S» gekennzeichnet ist, beträgt

$$p = 1 - 0{,}06 = 0{,}94$$

Legt man Y als Zufallsgröße für die Anzahl der Kunden ohne «S» fest, so ist Y binomialverteilt mit den Parametern $n = 550$ und $p = 0{,}94$. Damit ergibt sich mit der Bernoulliformel:

$$P(C) = 0{,}94^{550} = \binom{550}{550} \cdot 0{,}94^{550} \cdot 0{,}06^{0} = P(Y = 550)$$

Damit lautet das Ereignis C: «Von den 550 ausgewählten Kunden sind alle 550 Kunden nicht mit einem «S» gekennzeichnet.» oder: «Von den 550 ausgewählten Kunden ist keiner mit einem «S» gekennzeichnet.».

c) Die Zufallsgröße X, welche die Anzahl der zur Fahrt erscheinenden Personen mit Reservierung beschreibt, ist im Allgemeinen nicht binomialverteilt, da das Erscheinen oder Nichterscheinen in der Regel für einige Personen mit Reservierung (z.B. Familien oder Freunde) nicht unabhängig voneinander ist.

d) Die Wahrscheinlichkeit, dass eine Person, die reserviert hat, auch die Fahrt antritt, beträgt 90%. Legt man X als Zufallsgröße für die Anzahl der zur Fahrt erscheinenden Personen mit Reservierung fest, so ist X binomialverteilt mit den Parametern $n = 64$ und $p = 0,9$. Die Wahrscheinlichkeit dafür, dass bei einer Fahrt mindestens eine Person mit Reservierung abgewiesen werden muss, also dass mehr als 60 Personen erscheinen, erhält man mithilfe der kumulierten Binomialverteilung und der Wahrscheinlichkeit des Gegenereignisses:

$$P(X > 60) = 1 - P(X \leqslant 60) \approx 1 - 0,8937 = 0,1063$$

Die Wahrscheinlichkeit beträgt etwa $10,6\,\%$.